数字媒体艺术专业"立方书"系列教材

CREATIVE THINKING AND
DESIGN METHODS OF

H5产品创意思维
及设计方法

H5 PRODUCTS

U0277175

李 戈 钟 樾 / 著

ZHEJIANG UNIVERSITY PRESS
浙江大学出版社

图书在版编目（CIP）数据

H5产品创意思维及设计方法 / 李戈，钟樾著. — 杭
州 ： 浙江大学出版社，2018.6（2024.1重印）
ISBN 978-7-308-18321-5

Ⅰ．①H… Ⅱ．①李… ②钟… Ⅲ．①超文本标记语言
－程序设计 Ⅳ．①TP312.8

中国版本图书馆CIP数据核字（2018）第122757号

H5产品创意思维及设计方法
李戈　钟樾　著

责任编辑	吴昌雷	
责任校对	刘　郡	
装帧设计	北京春天	
出版发行	浙江大学出版社	
	（杭州市天目山路148号　　邮政编码　310007）	
	（网址：http：//www.zjupress.com）	
排　　版	杭州林智广告有限公司	
印　　刷	广东虎彩云印刷有限公司绍兴分公司	
开　　本	787mm×1092mm　1/16	
印　　张	15	
字　　数	208千	
版 印 次	2018年6月第1版　2024年1月第3次印刷	
书　　号	ISBN 978-7-308-18321-5	
定　　价	45.00元	

序

2017 年 3 月，数字创意产业三大重点方向被纳入《战略性新兴产业重点产品和服务指导目录（2016 版）》，这是继 2016 数字创意产业首次被纳入《"十三五"国家战略性新兴产业发展规划》之后获得的又一项重要政策支持，体现了国家在政策上对数字媒体艺术专业的高度肯定。数字媒体艺术是随着 20 世纪末数字技术与艺术设计相结合的趋势而形成的一个新的交叉学科和艺术创新领域。在移动互联时代，数字媒体艺术不仅作为审美观念的阐释，更多地是要与科技融合，关注人类的情感、行为以及对社会发展的贡献。面对 5G、VR、人工智能、物联网、脑机接口、类脑科学等前沿科技的发展，数字媒体艺术将融于各行各业，融于人们生活的方方面面，成为建构人类未来社会的元素和媒介。

随着社会信息化的普及和文化创意产业的振兴，我国的数字媒体艺术教育得到了迅猛的发展。截至 2018 年，全国有超过 200 所高校开设了数字媒体艺术专业。但是，由于数字媒体艺术"跨界"的范围大、脉络复杂，而新兴媒体又层出不穷、日新月异，数字媒体艺术学科体系的界定以及专业核心课程的建设存在困难。面对这种现状，浙江大学出版社联合杭州电子科技大学数字媒体与艺术设计学院，共同推出了"数字媒体艺术专业'立方书'"系列教材。

该系列教材以培养创意创业型人才为目标，致力于为传统互联网产业（如 BATJ 等互联网公司）和新兴数字内容产业（如自媒体、直播平台、微视频平台）输送视觉设计类、交互设计类高级人才。整套系列教材在内容设计上注重互联网思维的养成，强调前沿技术的创新训练，同时着力培养学生的创造能力。系列教材突破了传统纸质教材的编制模式，融入了"互联网＋教育＋出版＋服务"的理念，通过移动互联技术的运用，以嵌入二维码的纸质教材为载体，配套移动端应用软件，将教材、课堂、教学资源三者融合，营造教材即课堂、教材即教学服务、教材即教学场景的全立体教材形态，满足学生随时随地学习、交流与互动的需求。这套教材不仅是新时代的新形态教材，也是数字媒体艺术专业特色的彰显，在我国高校数字媒体艺术专业的发展过程中，具有里程碑的意义。借此机会，我也期待着有更多高质量的数字媒体艺术教材呈现出来，提升我国数字媒体艺术专业教育的国际综合竞争力和共创中国数字创意产业美好的未来。

中国传媒大学校长、教授、博士生导师

前　言

　　2014 年，一个在南京的创业团队想把页游以一种全新的方式推送至朋友圈，让更多的人来参与和分享，于是设计了移动小游戏《围住神经猫》。这款 H5 游戏创造了 3 天 500 万用户和 1 亿访问量（PV）的社交游戏神话，从此 H5 产品进入了人们的视线。至 2018 年，堪称现象级的 H5 产品不断涌现，商业、学界、政界、媒体界都对 H5 数字内容产品关注有加。

　　H5 产品是基于 HTML5 技术开发的交互式数字产品，之所以能引发如此广泛的效应，被称为互联网视觉革命的先行军，在于 HTML5 为下一代互联网提供了全新的框架和平台，包括提供免插件的音视频、图像动画、本体存储以及更多酷炫的互动功能，并使这些应用标准化和开放化，从而使移动互联网也能够轻松实现类似桌面应用带来的用户体验。H5 产品作为超媒体设计的雏形，最显著的优势在于跨平台性、快速迭代性、低成本性且引流量大及分发效率高等特性，它可以轻易地移植到各种不同的开放应用平台上，打破各平台各自为政的局面，这种强大的兼容性可以显著地降低开发与运营的成本。H5 产品浏览方式简单，扫描二维码即点即用，不占用用户本地空间，可以在手机端、PAD 端、PC 端、交互式大屏等平台适配使用，也可以通过微信、二维码、微博、QQ、APP 内链及网页等方式传播，又支持多种媒体格式，是移动互联网时代具有颠覆意义的创新性媒体产品。

　　2015 年初，我们开始在设计课程中教授 H5 产品设计，当时自己也很懵懂，只是依稀觉得这是一个非常有趣的产品。那一届学生也很配合，在没有教材，没有规范，甚至没有案例的情况下，我们开始了教与学的探索，凭着对数字媒体艺术的追求和对 H5 产品的热忱，我们历经一个学期，做出了第一批只有简单图文的 H5 作品。

慢慢地，一些自媒体公众号开始分享他们各自创作的优秀 H5 作品及其探索心得、实践经验，其中尤以小呆的"H5 广告资讯站"给我们带来大量行业前沿的资讯和素材。2017 年小呆出版了《H5+ 移动营销设计宝典》，把最全面的 H5 知识、设计流程及创作思考以全媒体形式呈现出来，对 H5 产品的教学和创作给予了极大的帮助和引导。在此，对小呆及 H5 产品探索者致以深深的谢意。

在近几年教学过程中，我们也一直在寻找适合设计类学生进行 H5 产品创作学习的教材，但目前 H5 教材多为软件操作教程，缺少 H5 创意、策划、设计全流程系统性的教材，这也是我们这本教材写作的初衷。恰逢浙江大学出版社联合我校数字媒体与艺术设计学院出版"数字媒体艺术专业'立方书'系列教材"，以弥补数字媒体艺术专业教材匮乏的缺憾，在浙大出版社金更达副社长，朱玲和吴昌雷编辑的支持和鼓励下，我们经过两年的准备完成了本书的写作，希望能给蓬勃发展的数字媒体艺术产业带来新的动力。

本书的出版，还得到中国传媒大学廖祥忠校长的肯定，并作序以资鼓励。俞鑫翔、王茜、梁咏琪、田敏娅、戴夏怡、陈英俏等小伙伴也给予鼎力支持。在此，再次表达我们真挚的感谢！

李戈　钟樾

2018.4 于杭州

目　录

第1章

数字媒体艺术与 HTML5 技术的碰撞

本章引言

数字媒体艺术是一个跨自然学科、社会学科和人文学科的综合性学科，集中体现了"科学、艺术和人文"的理念。该学科属于交叉学科领域，涉及艺术设计、交互设计、数字图像处理技术、计算机语言、计算机图形学、信息与通信技术等方面的知识。

数字媒体艺术也是一个年轻、多元又高速发展的领域。它不是指某一传统艺术种类的延伸，而是指基于计算机数字平台创作出来的多种媒体艺术形式。它采用统一的数字工具、技术语言，灵活运用各种数字传播载体，无限复制、广泛传播，成为数字技术、艺术表现和大众传播特性高度融合的新兴艺术领域。

HTML5 技术是下一代互联网的标准，它具有跨屏、跨平台等众多优势。从开发成本来说，开发一个基于 HTML5 的移动站点要比开发一个原生 APP 的成本低很多。从平台接入上看，HTML5 具备天然的跨屏优势。原生 APP 包括安卓、iOS、WP 等众多不同的手机系统应用，当手机用户需要使用该应用的时候，就要下载与手机系统相对应的移动应用。但如果是 HTML5 应用，则即便是在平板、嵌入式设备等其他智能硬件上，HTML5 都能很好地自动适应，它是目前唯一可以横跨所有智能设备的技术，具有非常广泛的应用前景[①]。

随着移动互联网产业的不断升级，HTML5 及其相关标准不断完善，且由于人们接受信息的方式越来越多元化，注重体验、参与交互、强化分享更成了新的设计价值趋向。数字媒体艺术与 HTML5 技术的碰撞，涌现出无数形式丰富、传播面广的新媒体产品，为移动交互创意设计及线上线下互动设计开辟了新的沃土。

本章重点与难点：H5 作品的分类与表现形式。

教学要求：了解数字媒体艺术的概念、HTML5 技术的发展、H5 作品的类别与应用场景、H5 产品的主要设计平台。

· 本章微教学 ·

---

① 张熠，等 . 零基础学 HTML+CSS[M].3 版 . 北京：机械工业出版社，2014.

1.1 科学、艺术与数字媒体艺术

1.1.1 理性与审美

罗素（Bertrand Russell）在《西方哲学史》的绪论中提到："一切确切的知识——我是这样主张的——都属于科学；一切涉及超乎确切知识之外的教条都属于神学。但是介乎神学与科学之间还有一片受到双方攻击的无人之域，这片无人之域就是哲学。"罗素看似没有提到艺术，或许我们可以作如此补充：在科学和神学之间，主要诉诸人类理性的，是哲学；诉诸人类情感的，是艺术[①]。

科学与艺术是两个不同的概念，或者说是人类知识的两个不同领域。《苏联大百科全书》中对科学的诠释如下："科学是人类活动的一个范畴，它的职能是总结关于客观世界的知识，并使之系统化。科学这个概念本身不仅包括获得新知识的活动，而且还包括这个活动的结果。"也就是说，科学是充满理性的，它探求的是自然发展的规律，是人类逻辑思维的体现。艺术在维基百科中的解释是："艺术指凭借技巧、意愿、想象力、经验等综合人为因素的融合与平衡，以创作隐含美学的器物、环境、影像、动作或声音的表达模式，也指和他人分享美的感觉或有深意的情感与意识的人类用以表达既有感知且将个人或群体体验沉淀与展现的过程。"艺术的释义看起来复杂，难以理解，这里我们引用一句索利·莱维特（Sol LeWitt）的话来加以理解："观念是创造艺术作品的机器。"也就是说，艺术是主观性的，是人类形象思维的表现，艺术的创作本质上是表达审美的过程。

---

① 朱光潜.西方美学史 [M]. 北京：人民文学出版社，2002.

科学不难被理解，主要是指自然科学，如物理、化学、生物等将各种知识通过细化分类研究，形成逐渐完整的知识体系。科学是关于发现发明创造实践的学问，它是人类探索、研究、感悟宇宙万物变化规律的知识体系的总称。艺术是通过捕捉与挖掘、感受与分析、整合与运用等方法，构建的一个感知世界，包括建筑、雕塑、文学、音乐、舞蹈、戏剧、美术等的总称。用两个极度简练的词来概括科学与艺术，就是理性与审美。科学帮助我们理解世界，艺术家则创造出具有审美意义的世界让我们理解。著名艺术家吴冠中也说过："科学揭示宇宙的奥秘，艺术揭示情感的奥秘。"科学与艺术像一个硬币的两面，它们共同的基础是人类的创造力。

1.1.2　科学与艺术的美妙重逢

科学与艺术在山脚分手，在山顶重逢。

——居斯塔夫·福楼拜（Gustave Flaubert）

科学和艺术看似是两颗不同的行星沿着各自的轨道运转，科学倡导用客观的角度去探求真理，艺术则追求对情感的主观表达。但实际上，科学与艺术是不可分割的。从现代科学与艺术的发展来看，它们是彼此成就、共同发展的。纵观历史，许多伟大的科学家也是艺术家，而许多卓越的艺术家又是科学巨人。

亚里士多德（Aristotle）是古希腊最伟大的思想家、美学家和文艺理论家，他说过"艺术是对自然的模仿"，意即艺术与科学，你中有我，我中有你。

当历史的车轮沿着时间的轨迹驶入文艺复兴时期，达·芬奇（Leonardo da Vinci）将自己对科学的独到见解融入艺术创作中，无论是用绘画诠释人体的黄金分割法，还是对于焦点透视、解剖学、力学等领域的研究，这位大师在天文、物理、医学、建筑、绘画等方面都

做出了巨大的贡献 ①。他不仅对后世的艺术家们产生了深远的影响，同时也对科学的发展起到不可磨灭的推动作用。《蒙娜丽莎》的微笑成为历史的千古之谜，而达·芬奇在 1478—1518 年间撰写的《大西洋古抄本》更成为稀世珍宝。《大西洋古抄本》共 12 卷，从绘制的设计图到对鸟类飞行的研究记述，其涵盖类别广泛，包括飞行、武器、乐器、数学、植物等，被后人誉为达·芬奇手稿中最具研究价值的珍宝。达·芬奇画过许多人体骨骼的图形，基于人体的解剖研究，达·芬奇设计出史上第一个机器人。他的画作还曾激发英国一位心脏外科医师领先发展了修补受损心脏的新方法。

文艺复兴时期的另一位大师伽利略（Galileo Galilei）也很好地阐释了科学与艺术的结合。良好的绘画训练让他善于捕捉光影，最终帮助他在观察月球时发现了"地照"（Earthshine）的现象。

美学家克罗齐（Benedetto Croce）说："直觉知识与理性知识的最崇高的焕发，光辉远照的最高峰，像我们所知道的，叫作艺术和科学。艺术与科学既不同而又互相关联；它们在审美方面交会，每个科学作品同时也是艺术作品。"也就是说，当"科学"与"艺术"这两颗小行星碰撞在一起时，充满"理性"与"审美"的奇迹也就诞生了。

1.1.3　数字媒体艺术

随着人类科学技术的飞速发展及新艺术媒介的层出不穷，新材料、新观念不断涌现，各种类型的"新媒体"如雨后春笋般应运而生，数字媒体艺术成为一种全球化的艺术现象，对当代艺术的发展趋势产生了深远而持久的影响。

本雅明（Walter Benjamin）早已深刻地指出："近二十年来，无论物质还是时间和空间，都不再是自古以来的那个样子了。人们必须估

① 丹·布朗（Dan Brown）. 达·芬奇密码 [M]. 朱振武，吴晟，周元晓，译. 北京：人民文学出版社，2013.

计到，伟大的革新会改变艺术的全部技巧，由此必将影响到艺术创作本身，最终或许还会导致以最迷人的方式改变艺术概念本身。"简单来理解，随着技术的不断发展，艺术也在不断地推陈出新，艺术的可能性变得越来越多，而且将来会更加丰富。

数字媒体艺术是指以数字科技和现代传媒技术为基础，将人的理性思维和艺术的感性思维融为一体的新艺术形式。它不仅具有艺术本身的魅力，而且作为设计和表现手段，也是目前艺术设计领域最具生命力和发展潜力的部分[①]。数字媒体艺术属于典型的交叉学科。从目前国际学术界和教育界对"数字媒体艺术"学科内容的设定来看，该学科主要涉及视觉艺术、信息设计、网络传播、人机界面、动画、游戏、虚拟现实等方面，基本涵盖了 21 世纪数字化设计的基本范畴。用一个简单的公式来描述就是：数字媒体艺术＝传播＋科技＋艺术。

数字媒体艺术是基于计算机语言和数字媒介的一门新型艺术形式，其核心是艺术设计和数字科技，展示和传播形式主要借助于新媒体形式或数字载体（互联网、手机、iPad 或数字交互媒介）进行。数字媒体艺术研究的重点是如何应用数字艺术创作工具（数字设备），根据人的需求和艺术设计规律，来创作和表现具有视觉美感的艺术作品或服务作品，并基于数字媒体来延伸和发展人类的艺术创造力和想象力。

---

① 李四达 . 数字媒体艺术概论 [M].3 版 . 北京：清华大学出版社，2015.

1.2 HTML5 技术

HTML 全称为 Hypertext Markup Language，中文直意为"超级文本标记语言"，是由万维网的发明者蒂姆·伯纳斯·李（Tim Berners-Lee）于 20 世纪 90 年代创立的一种标记式语言，是互联网发展的基石，目前几乎所有的网站都是基于 HTML 开发的，HTML5 中的 5 指的是它的第 5 次重大修改。

HTML5 之前，各个浏览器之间的标准不统一，因兼容性而引起的错误浪费了大量时间，HTML5 的目标就是将 Web 带入一个成熟的应用平台。HTML5 主要优势包括兼容性、合理性、高效性、可分离性、简洁性、通用性、无插件等，能够克服传统 HTML 平台的问题。HTML5 强大的兼容性不仅可以满足音视频、图像动画的本地存储、承载各种酷炫的互动功能，还可以应用在各种不同的开放平台上，打破了平台间各自为政的局面，显著地降低开发与运营的成本，使移动互联网也能够轻松实现类似桌面应用带来的用户体验。

HTML5 = HTML + CSS + JavaScript[①]（图 1-1）。

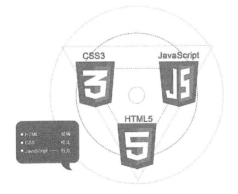

图 1-1 HTML 、CSS 、JavaScript 三者的关系

----

① 　向阳,黄震华.计算机网络基础 [M].北京：机械工业出版社，2012.

其中，HTML 指的是结构；CSS 指样式；JS 即 JavaScript，指的是行为。

关于结构、样式、行为的理解为：

结构——在整个网页中有标题，有列表，有图片等。

样式——标题文字的字体大小、颜色、字形，图片的大小，某个块的背景色或背景图等。

行为——在网页上四处飘动的广告，图片滚动播放，在淘宝网浏览商品时将鼠标移动到商品主图上有放大的效果等。

自从 2010 年正式推出以来，HTML5 以一种惊人的速度被迅速推广（图 1-2）。HTML5 在音频、视频、动画、应用页面效果和开发效率等方面给网页结构带来了巨大的变化，也对传统网页设计风格及相关设计理念带来了冲击。为了增强 Web 的应用性，HTML5 扩展了很多新技术，同时对传统 HTML 文档进行了修改，使文档结构更加清晰明确，容易阅读。HTML5 也增加了很多新的结构元素，降低了复杂性，这样既方便了浏览者的访问，也提高了 Web 设计人员的开发速度。用 HTML5 设计的网页不仅美观、清晰、可用性强，而且有可移植性，能够跨平台呈现为移动媒体或手机网页。目前，HTML5+CSS3 规范设计已成为网络媒体的设计标准，企、事业单位和政府机构纷纷采用该标准进行网络媒体设计。

图 1-2　1994—2014 年 HTML 完成了 5 次重大升级换代

　　目前 HTML5 和 CSS3 一直是互联网技术中备受关注的两个话题。2010 年 MIX10 大会上微软公司的工程师在介绍 IE9 时，从前端技术的角度把互联网的发展分为三个阶段：第一阶段是以 Web1.0 为主的网络阶段，前端主流技术是 HTML 和 CSS；第二阶段是 Web2.0 的 Ajax 应用阶段，热门技术是 JavaScript 和 DOM 异步数据请求；第三阶段是目前的 HTML5 和 CSS3 阶段，这两者相辅相成，使互联网又进入了一个崭新阶段。[①]（图 1-3）

图 1-3　互联网发展三个阶段

----

① 　李银城 . 高效前端 :Web 高效编程与优化实践 [M] . 北京：机械工业出版社，2018.

1.3 数字媒体中的 H5 产品

什么是 H5？简单来说，H5 是某一类产品的统称，核心技术是 HTML5，是主要依赖于微信传播的一款网页轻应用。H5 是创作平台而不是技术平台，能让人发挥很多创意，不用写代码就像给设计师贴上了翅膀，原来不能实现的东西，在这里都能实现。H5 页面的叫法很多，也被称为翻翻看、手机微杂志、广告页、场景应用、海报 / 画报（动态海报、指尖海报、掌中海报、动画海报、微画报、微海报）等。按 H5 产品在不同行业中的用途，我们可分为广告营销类 H5、新闻报道类 H5、教育出版类 H5 及其他行业类 H5。

1.3.1 广告营销类 H5

不管是产品宣传、热点炒作还是活动推广等，我们都能看到 H5 的身影，H5 已成为信息传递的标配。从开进朋友圈的"宝马 H5"，到将古代名人 IP 化的"Next Idea x 故宫"，再到个性吐槽的"多一个 LOGO，少一个朋友"，H5 的广告营销形式已经远远超出我们的预想。随着虚拟现实（VR）、增强现实（AR）技术的成熟，移动端游戏 *Pokemon Go* 的走红更是让 AR 技术迅速走进人们的生活和工作中，也让其成了 H5 作品的新宠。我们有理由相信，未来不管是什么类型的营销内容，都能通过 H5 来进行传递。

广告营销是指企业通过广告对产品展开宣传推广，促成消费者的直接购买，扩大产品的销售面，提高企业的知名度、美誉度和影响力的活动。随着经济全球化和市场经济的迅速发展，在企业营销战略中，广告营销活动发挥着越来越重要的作用。H5 广告营销是企业营销组合中的一个重要组成部分。国内 H5 用于营销始于 2014 年，第一个作品应该是特斯拉的翻页类 H5。当时技术成本是 70 万元左右，因此很多人蜂拥去做翻页类 H5 工具。然而经过慢慢演进，翻页类 H5 已淡出大众视野，新的元素和新的玩法不断刺激和激活广告营销市场。H5 广告营销由最初的翻页类逐步偏向重度营销的 H5。比如做一个大家都能参与的小游戏、活动、交互，包括手机和其他硬件设备的交互、H5 户外大屏互动、电视交互，都是 H5 未来重要的市场。

案例分析：《种太阳》这首传唱多年、天真无邪的歌曲，曾是整整一代人的回忆。那个曾经为实现自己梦想而努力的少年，正是 20 世纪 80 年代祖国花骨朵的典范形象。深埋在潜意识中的旋律作为配乐响起，本就是一个引爆点，带来一代人的集体回忆与共鸣。"借势热点话题"以及"对集体回忆后现代解构"，是迅速拉近用户关系的一种常见传播策略。百度钱包的《种太阳的小朋友有话要说》（图 1-4）借着大火的经典 IP"种太阳"，把经典再玩出一个新高度。

此 H5 在大部分时间里完全没有品牌露出，当人们已深深认同夏天外面有无数个太阳，坚决不能出门吃饭的观点时，结尾处出现"窗外太阳太多，找不到后羿射日，至少能窝在家等无敌骑士送餐"以及品牌百度钱包和百度外卖，才让一切变得理所应当。

·扫描二维码欣赏案例·
（出品方：百度钱包）

图 1-4 《种太阳的小朋友有话要说》H5 界面

案例分析：H5 产品在地产营销方面也做得有声有色。专做豪宅的世茂，开起"脑洞"也一点不差。《"世茂号"飞船》H5（图 1-5）采用纯手绘与定制配音解说的结合，以星球为线索，层层递进讲述什么是璀璨生活，营造出一个"脑洞大开"的科幻世界。该 H5 通过虚拟场景描摹展示未来科技生活的人性化和舒适性，将一个虚有的未来生活讲得有声有色，堪称房地产界智能科技生活的经典推广案例。

·扫描二维码欣赏案例·
（出品方：世茂地产）

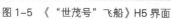

图 1-5　《"世茂号"飞船》H5 界面

1.3.2　新闻报道类 H5

H5 技术是近年来新闻制作与转播的重要手段之一，它不仅丰富了新闻报道的内容，对于新闻的传播与观赏也有着极大的促进作用。H5 集音乐、图片、动画与链接等多种元素，一改传统新闻报道的专题页与文字列表，加诸图片、视频、交互的报道方式，通过大量运用具有视觉和听觉冲击力的图片、音乐以及动画等形式，打破纯文字对受众视觉的掌控，通过创新新闻页面内容、引发新闻可视化变革，掀起用户参与阅读风暴。

案例分析：2017 年正值中国人民解放军建军 90 周年，人民日报客户端特别策划了《穿上军装》H5（图 1-6）。军装对很多人来说都是神圣和令人向往的，很多人有军旅梦，但没有机会当兵，没有机会穿上军装，该 H5 产品让大家体验穿军装的感觉。读者只要上传自己的照片，便可生成各自的军装照，在互动中致敬人民解放军，传播人民解放军发展历史。该 H5 一改传统媒体简单展示照片，缺乏传播力度的传播方式，使广大用户在阅读浏览和上传分享中获得极大的满足感和自豪感。该 H5 上线后，首日浏览次数突破 6000 万，第二天上午 10 时突破 1 亿，之后呈现井喷式增长。短短几天，《穿上军装》H5 的浏览次数累计 10.08 亿，独立访客累计 1.56 亿，军装照图片合成峰值达到 117 万次／分。真正在亿万网友的手机上成功"刷屏"，10 亿 PV（页面浏览量）使其成为一款"现象级新媒体产品"，人民日报已提交吉尼斯纪录申请。

·扫描二维码欣赏案例·
（出品方：人民日报）

图 1-6 《穿上军装》H5 界面

案例分析：《天空飘来几十个字儿，都是你的事儿》（图 1-7）是中国之声出品的一支宣传类 H5。整个 H5 没有画面，没有人物形象，没有场景搭建，特别之处就在于采用文字动效模拟出各种场景和物品，创意十足，非常有趣。该 H5 通过文字把群众日常生活的内容、担忧的事情以及国家的政策用新颖形式进行解读，增加普通群众对两会的关注。

·扫描二维码欣赏案例·
（出品方：中国之声）

图 1-7　《天空飘来几十个字儿，都是你的事儿》H5 界面

1.3.3　教育出版类 H5

随着教育信息化在教育改革领域的深入，教育信息化的内涵也早已从 PC 端的在线教育、资源线上化等层面，扩展到了手机、PAD 等移动端的教育数字资源移动化及教学内容与形式创新等各个方面。

无论是对于身处一线的教育从业者，抑或是处在产业链上的出版行业，还是把握教学内容与形式改革方向的教育管理部门，"移动学习"和"内容创新"已经成为教育信息化建设推进进程中的重要方向。然而，传统数字资源，如视频、PPT、Flash 等内容形式，存在内容乏味、互动不足等多种问题，从技术层面来说又很难完美地适配移动端。在此背景下，融合多种媒体形式的 H5 教学内容无疑是最好的迭代方案。

HTML5 技术在教育行业的深入应用，也让教育行业的从业者、参与者切实感受到了学习内容和教学形式发生着巨大的改变。H5 融合图片、文字、视频、音频、表格、动画等媒体形式，让学习内容变得更加生动。H5 平台提供的上千种交互行为设计的学习内容，让教学互动、家校互动变得更加直接而高效，丰富的动画形式与互动也让教学以娱乐化、游戏化的方式呈现，感性与理性的融合，真正让教与学变得更加智慧，让学习变得更加快乐！

案例分析：《动画绘本〈三只小猪〉》H5（图 1-8）采用手绘风格讲述了一个著名的英国童话，讲述了三只小猪在长大后，学好了本领，各自盖了不同的房子，却遭遇大灰狼的故事。这个故事构思简洁，主题鲜明，告诉孩子们不能追求华而不实的东西，要为长远打算，做人要勤劳肯干、聪明机智、乐于助人。该 H5 用一些简单交互配合故事发展，寓教于乐，以激发孩子的阅读兴趣和乐趣。

·扫描二维码欣赏案例·
（出品方：木疙瘩）

图 1-8 《动画绘本〈三只小猪〉》H5 界面

案例分析：《分子的发现》（图 1-9）是面向低年级学生的科普类 H5 作品。早在 2012 年，美国教育部部长阿恩·邓肯（Arne Duncan）呼吁全美的学校应尽快采用数字化教材，并预言"未来几年中，纸质印刷的教科书必将被淘汰"。在教育技术领域，H5 因具有多样化形式、定制化服务、场景化学习、游戏化表现等特点，已成为学校教材中数字资源移动化最好的解决方案。该 H5 就是由学生根据教材改编的作品，节奏明快、阐述清晰，令读者在短时间内获得了科普信息。

图 1-9 《分子的发现》H5 界面

1.3.4 其他行业 H5

1. 游戏行业

2017 年 3 月腾讯正式在微信和手机 QQ 两大社交平台上通过 H5 手游首轮测试。至今，腾讯针对 H5 手游已经开通了不少 H5 游戏固定入口，其中包括微信小游戏、手机 QQ 秒玩游戏专区、厘米游戏平台、QQ 空间玩吧等平台。坐拥高速增长的市场规模和用户群基数，H5 游戏月流水超过千万级爆款层出不穷。受益引擎技术革新渲染效率提升，用户体验完美跃升的 H5 游戏正创造新的巨大需求。

（1）引擎的发展能够支撑游戏呈现更加多样化的玩法。

（2）原生 APP 手游竞争格局基本稳定，产品壁垒抬高，各厂商寻找新机会，开发者和渠道对 H5 游戏的投入不断增加。

（3）大厂开始正视 H5 游戏市场，开放 H5 游戏平台或推出 H5 移植产品，扩大 H5 游戏用户群和玩游戏时间，同时承接页游流失的用户，这批用户是原本有玩页游需求的玩家。

（4）H5 游戏玩法发生变化。在产品品质大幅提升的同时，产品

16

形式以三端互通 H5 游戏呈现，推广方面从原本依赖社交 APP 或渠道传播到跨端买量模式，研发商和发行商自主权提升。

案例分析：从玩法和设计来说《向前一步 520》（图 1-10）是一款简单得不能再简单的游戏。美国认知心理学家唐纳德·诺曼在《情感化设计》里，谈到了能让人产生心灵高峰体验的产品所具备的条件：没有分心的事物，一个节奏恰好匹配技能的活动，并且略微在能力之上。《向前一步 520》的设计灵感与此相通，凭借恰到好处的难度设计和节奏控制，《向前一步 520》成功锁死了玩家的注意力，让用户的行为尽可能基于情绪驱动和机械化的重复反应，从而降低人脑的理智干预效果，形成类似于封闭空间的情绪反应闭环。而这种情绪反应闭环就是使我们"完全停不下来"的主要心理机制。《向前一步 520》里其实还藏着腾讯的各种小心思。比如，游戏里的小盒子有各种各样的造型，在部分盒子上，你甚至可以发现自己熟悉的商业品牌 LOGO。这也体现出了游戏的商业潜力。就像写着"徐记士多"的小盒子一样，每一个《向前一步 520》里的小盒子，实际上都是一个潜在的广告位。2018 年 3 月，耐克的广告出现在至少 5 个小盒子上，微信《向前一步 520》第一个广告诞生，一个 2000 万元的耐克鞋盒！

·扫描二维码欣赏案例·
（出品方：腾讯）

图 1-10　《向前一步 520》H5 界面

2. 文创行业

"科技正在打造一个没有围墙的故宫"，早在 2003 年，故宫文化资产数字化应用研究所就推出过 VR 作品《紫禁城·天子的宫殿》，观众可全方位、多角度地欣赏太和殿。近六百岁的故宫，并不是固执守旧的老人，反而随着年龄的增长，越活越年轻了。文能及时洞悉网络语言，武能勇于尝试高新科技。2016 年一支皇帝唱 RAP 的《穿越故宫来看你》H5 不仅刷了屏，还拉开了"NEXT IDEA 腾讯创新大赛"的序幕。文创产业融入新技术，使中华文化自信得到彰显，使国家文化软实力和中华文化影响力大幅提升。

案例分析：杭州西湖博物馆是中国第一座湖泊类专题博物馆，坐落于秀丽的西子湖畔，占地面积 22480 平方米，整个建筑大部分延伸于地下，不着痕迹地融入了周围的湖光山色中。近年来，杭州西湖博物馆在创新文创产品设计，凸显杭州地方特色方面做了大量探索。"西湖十景"主题书签是一款 H5 功能书签（图 1-11）。用户购买此书签后，扫描书签二维码，即可浏览杭州"西湖十景"典故 H5，了解西湖历史，品读杭州文化。

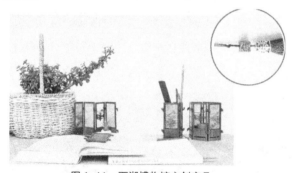

·扫描二维码欣赏案例·
（出品方：王茜）

图 1-11　西湖博物馆文创产品

3.H5 产品与其他行业结合

随着智能硬件的普及，手机、PAD、PC 甚至路边的电子广告牌，现代浏览器已经无处不在。H5 赋予了浏览器太多的新特性，等待我们去使用。例如科技公司利用高扩展性自有技术平台的强大的技术连接能力，连接 BAT（即百度、阿里巴巴、腾讯）、京东、Facebook 等高流量的互联网平台，让每一个 H5 都能轻松跨平台上线，聚合多平台流量。以 H5 结合活动形式，让用户参与游戏，领取优惠券，大大提升线下实体店的销售转化。

科技公司也可基于多平台（包括微信、微博、口碑、Facebook 等）建立多维度数据分析平台，并将其接入 H5，实现细粒度监控用户属性、用户行为、区域、时间、传播源、分享层级（图 1-12），并自动识别用户使用的系统、网络、设备等信息实体。每一个 H5 上线后，通过数据分析和挖掘，帮助品牌定位用户行为标签，建立精准的用户模型，以在后续的营销中帮助企业跨平台、跨区域精准投放，实现品牌信息超强曝光。相比传统营销形式，对 H5 的数据挖掘和分析也是今后品牌营销的一个趋势。

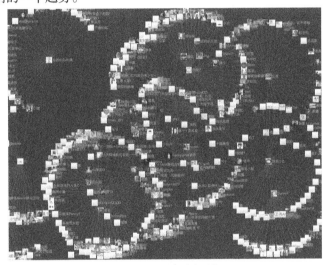

图 1-12　用户分享层级

1.4 选择一个合适的工具来生产内容

　　究竟哪款 H5 工具好用，哪款 H5 工具好学？ 哪款 H5 工具适合企业， 哪款 H5 工具适合个人？哪款 H5 工具适合"小白"？这些依然是令想学习 H5 的人们头疼的问题。随着 H5 工具的发展越来越多元化的趋势，逐渐形成了普通类、进阶类、专业类这三个阵营（图 1-13 ），而这三个阵营工具，面对的受众群体和用户特征也都不太相同[①]。

图 1-13　H5 工具分类

　　1. 普通类工具

　　普通类 H5 工具是用户量最大的 H5 工具，目前比较有规模的产品分别是初页、易企秀、MAKA、兔展。

　　（1）初页：初页相当于"美图秀秀"，无须学习，直接可使用。当然，上手简单，也就意味着功能简单。在初页，所有 H5 的成品都可以通过套模版来实现，主要操作环境也是在 APP 完成的，没有 PC 端。你在这里，用指尖点几下就能制作完成一个 H5。傻瓜化模式，这样的产品定位，让初页成了大多数普通个人用户的首选。平时，想做个旅游相册、生日邀请函、班级活动请柬等就可以选择初页。这款 H5 工

---

① 苏杭 .H5+ 移动营销设计宝典 [M] . 北京：清华大学出版社，2017.

具非常适合个人记录自己的生活！

（2）易企秀：这是款针对企业的 H5 工具，该产品的各项设计都是针对企业用户的，它特别像是 H5 领域的 Office 软件套装，也就是我们熟知的 Word、PowerPoint 等。它的优势体现在办公上，选择易企秀的企业除了可以使用工具的各项功能外，还可以获得技术支持、课程培训、推广流量等多项立体化的服务。如果要制作企业报告、演示 PPT 和日常活动 H5 时，大家往往会选择易企秀。对于非设计单位的用户来说，这款工具非常好用。

（3）MAKA：和易企秀类似，MAKA 同样以服务企业用户为主要方向。但不同的是，作为老牌 H5 工具商，MAKA 显然更重视设计这个领域，早期的 MAKA 在用户界面（UI）设计和用户体验等方面就远远优于其他同类的 H5 工具。MAKA 的定位是力图打造成轻量级营销工具，该平台也因此聚集了数量可观的轻量级设计师用户。

（4）兔展：兔展是一款适合 H5 设计师使用的初级工具。该工具的界面和体验可以说是初级工具中比较友好的了，而且整个工具的使用也非常贴合设计师的使用习惯，尤其是兔展的数据展示部分，可以说是简单 H5 工具中最丰富的。如果你是位需要制作简单 H5 的专业从业者，或者是设计师，那么这款工具非常适合你。兔展设有免费的 H5 配乐乐库，可一并解决你找配乐的烦恼。同时，兔展还拥有非常完善的数据后台，这也是非常突出的特点。

2. 进阶类工具

进阶类 H5 工具用户群体依然以企业为主，但最大的不同在于，这个领域的 H5 工具可以提供更加丰富的模板选择，如伪装朋友圈、接电话、发红包等功能都可以实现，而这些功能是简单类 H5 工具实现不了的。同时，这些 H5 工具在满足高级功能的同时，也满足了易学易用的特征，典型代表如凡科互动和人人秀（图 1-14）。我们在凡科互动或人人秀，能找到大多数曾经刷屏过朋友圈的 H5 形式模版。用户只需简单几步就能实现一支 H5，非常适合应用于企业的日常营销活动。凡科互动的 720° 全景模板功能，能让平面图片一秒变立体，轻松拥有天猫"穿越宇宙的邀请函"的全景感。进阶类 H5 工具，往往以特殊功能模版为主要卖点。它是承上启下的中间层，拥有底层简单类 H5 工具的便利，也保留了专业类 H5 工具的部分功能，而这正好是用户需求的痛点，所以该领域在 2017 年发展迅速。

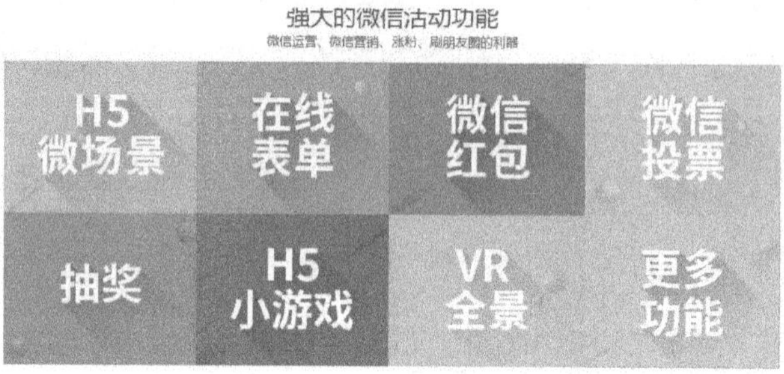

图 1-14　人人秀页面模板分类

3. 专业类工具

专业类 H5 工具是整个领域的上层，也是用户基数最少的那一层，主要的用户群体是专业设计人员，iH5、木疙瘩、意派 360 是三款比较有代表性的产品。

（1）iH5（图 1-15）。原名 VXPLO 互动大师，是一款允许在线编辑网页交互内容的 H5 工具。它支持各种移动端设备和主流浏览器，功能强大，H5 动画、3D 展示、邀请函、全景、VR/AR、弹幕、多屏互动、交互视频、数据表单等，都可以在 iH5 上完成。在 H5 工具这个小圈子里，iH5 在功能、资历、同类产品影响力上都是非常优秀的。它还提供大量专业模板，涵盖丰富的移动交互设计样式，包括实现手机多屏互动的"移动穿越"等。

图 1-15　iH5 登录界面

（2）木疙瘩（Mugeda）（图 1-16）。木疙瘩是一款基于云计算的 HTML5 交互动画制作软件。作为一款专业 H5 设计工具，其有着完全不同的切入点。它的产品界面参考了 Flash。虽然 Flash 已非主流软件，但其良好的动画编辑能力被木疙瘩所继承。木疙瘩的另一个优点就是照顾到了 Flash 用户的操作习惯，那些在 Flash 时代的设计师想转行到 H5 的话，选择木疙瘩就会轻松很多。2016 年，木疙瘩学院正式成立，致力于研发和输出 H5 交互融媒体内容制作与应用课程，为新媒体、教育出版、广告宣传等行业培养实用型人才。2017 年，木疙瘩发布 2.0 版，明确产品主要的努力方向就是 H5 交互融媒体内容的编辑。

图 1-16　木疙瘩登录界面

（3）意派 360（Epub360）。作为一款 H5 专业级制作工具，意派 360 可以说是最好上手的 H5 专业工具。其产品显著的优势就是，良好的用户体验和网站流畅的制作感受，以及强大的交互功能。就专业类工具 H5 作品来说，意派 360 出品的 H5 作品，相对其他工具，精品是最多的。但导出的作品均带有意派 360 的 LOGO，需要付费才能消除 LOGO。2017 年，意派科技开始将产品重点转移到了平台下的另一款产品——意派·CoolSite360 上。该产品同样属于 H5 制作工具，只是方向更倾向于响应式网站，并且设计者需要拥有一定的编程能力。可以说，在 H5 专业工具的发展方向上，意派走上了和前两家完全不同的方向。

图 1-17　意派 360 登录界面

作业要求

1. 阐述 HTML5 技术与通常所说的 H5 产品定义的差别。

2. H5 产品的分类有哪些？查找资料并给出案例分析。

3. 国内 H5 产品设计创作通用工具有哪些？查找资料，了解并阐述各个工具特点。

第 2 章

HTML5 产品的设计思维以及流程

本章引言

为什么要做 H5？

1. 碎片化的阅读习惯

移动互联网时代是一个信息泛滥的时代，信息过载使得人们对信息的消化能力大大下降，大量同质化内容的蜂拥出现，降低了用户对海量信息的阅读需求与能力。同时，移动用户的阅读时间多是乘坐地铁、等公交之类的碎片时间，要求在尽可能短的时间内获得尽可能多且深刻有用的信息。因此，新媒体环境下用户的阅读需求偏好呈现出碎片化特点，可以用"快""轻""易"等词来概括。

2. 可视化的选择偏好

碎片化的阅读特点引发用户对可视化效果的追求。海量的信息加上细碎的阅读时间，要求信息产品必须尽可能地用较短篇幅呈现丰富内容，同时具有相当大的吸引力。比如，与其看 2000 字枯燥的亚航载 162 人客机失联新闻文本，用户更喜爱用消息直播、数据解读、可视化呈现等方式简明扼要地集纳在一个 H5 专题里，以满足其基本核心内容快速获取的需求。可见，新闻报道类的可视化、幻灯片化、H5 专题化趋势在移动互联网时代大大加强。

3. 社会化媒体的分享需求

在当下社交媒体大发展的环境下，用户的社交，或者说互动、分享需求更加强烈。用户不仅要获取信息，还要在阅读之中实现社会交往；不仅要实现与网友之间的弱关系互动，也要完成与自己好友之间的强关系互动，用户需要与好友分享各自阅读的新闻，了解各自的阅读类型与生活状态。因此，媒体产品的社交分享既是用户的客观需求，也是实现自身市场推广和信息次传播的有效方式。

4. 移动端阅读模式的兴起

2017 年 8 月 4 日，中国互联网络信息中心（CNNIC）发布的第 40 次《中国互联网络发展状况统计报告》显示：截至 2017 年 6 月，中国网民规模达到 7.51 亿，互联网普及率为 54.3%。其中我国手机网民规模达 7.24 亿，网民中使用手机上网的比例由 2016 年底的 95.1% 提升至 96.3%，手机上网比例持续提升，移动互联网主导地位强化，阅听行为集结在智能移动终端已然成为人们的一种生活方式。

本章重点和难点：H5 作品的策划。

教学要求：学习用户需求分析，掌握 H5 产品的策划方法、H5 作品视觉形式与原型设计、H5 作品的文案设计及技术实现途径。

·本章微教学·

2.1 分析用户需求

用户需求分析是指在 H5 产品设计之前和设计、开发过程中对用户需求所做的调查与分析,是 H5 产品设计、完善和推广的依据(图 2-1)。

图 2-1 H5 产品制作流程

每支 H5 产品的设计都有具体的目的。当你拿到甲方、同事的项目需求文档,先要想清楚为什么要做这个 H5 产品。每个项目追求的目的、目标都不同。比如,产品品牌传播,新产品的发布,促销活动,为网站引流,对某些重大事件的宣传,教育、教学目的,等等,这些都是我们常见的设计目的[①]。

在需求分析时,一般要抓住最重要的特征。例如,我们现在需要推广一次免费看电影的活动,那么免费和电影就是特征了,而围绕免费我们可以发散出很多内容点,比如说"省钱""机会难得""很有意义"等,它们都可以成为 H5 产品主打的方向。而这个方向,最好能兼顾自身产品的优势和活动的目的。比如 2017 年上线的 H5《世界名画抖抖抖抖抖起来了? 》(图 2-2),作品一方面兼顾了抖音的产品

---

① 苏杭 .H5+ 移动营销设计宝典 [M] . 北京:清华大学出版社,2017.

特征，一方面又做出了一个非常有趣的内容展示，算是一个非常典型的案例了！

这是开始 H5 设计最重要的第一步。目的性模糊的 H5 项目的启动会很盲目，它会给你带来麻烦。即使作品刷了屏，你也会发现，要讲的卖点、诉求、内容都没讲清楚，而且在项目结束后，也会很难评估项目结果。

图 2-2 抖音 H5 界面

·扫描二维码欣赏案例·
（出品方：抖音）

2016 年暑期，故宫联合腾讯推出了"NEXT IDEA 全国大学生文化创意大赛"，而设计 H5 的需求就是：希望吸引更多大学生来参与。腾讯最后以"穿越故宫来看你"为主题（图 2-3），出品了一支带有调侃和穿越特征的古装说唱类 H5，表现了故宫"萌萌哒"、可爱的一面，这也是与 90 后、00 后最好的沟通方式。可以说，"让传统文化活起来！"的定位，以及整支 H5 的美术风格和叙述方式都考虑到了最初的诉求，以年轻化、通俗化、娱乐化的方式来吸引低龄的大学生关注传统文化。此 H5 发布后，获得了广泛传播。

图 2-3 故宫 H5 界面

·扫描二维码欣赏案例·
（出品方：腾讯）

被关注是人类很深的一个心理需求，我们总会通过各种有意、无意的动作在自己的圈子中刷存在感。在 QQ 空间火爆的时代，就很流行对各种星座的剖析以及各种心理测试。时至今日，依旧会有人热衷在朋友圈发同道大叔对于星座的分析，希冀自己在意的那个人会看到这些文章。谁都知道自己不可能是宇宙中心，但内心还是会不自觉地做出刷存在感的事情。

《解锁你的欢乐颂人设》这个问答类 H5（图 2-4），很好地把握了用户的需求，走的是心理测试的路线。此 H5 上线那段时间恰逢《欢乐颂 2》播出，里面 5 个女生的性格大相径庭，非常鲜明，正好是可以借鉴策划的点。用户从上往下拨动页面，连续回答 6 道情景题，就会出结果页，给出其与《欢乐颂》的人设相似度。结果页分析的文案是成功的关键，写得非常"心理测试"，有理有据。要是和用户钦佩与喜欢的人物相似度高，多数人都是会窃喜的。此 H5 在策划上切中了人们喜欢刷存在感的需求。这个案例也很适合放在购物类产品的推广营销中，最后落地页可以做推荐引流。

·扫描二维码欣赏案例·
（出品方：网易新闻）

图 2-4 《解锁你的欢乐颂人设》H5 界面

想做用户需求分析，第一步就是要找到用户的真实需求是什么，而这个的关键是受众。只有深刻了解受众，我们才能了解其核心的需求，才能把主要的精力放在最具有追求价值的东西上。同时也要使核心内容路径扁平化，才能使 H5 产品在传播过程中的精准度和效率得到提升（图 2-5）。

图 2-5 用户需求分析流程

2.2 设计一个生动的故事

案例分析：《深夜，男同事问我睡了吗……》（图2-6）这支H5
满足了所有猎奇心理强的用户。这支H5讲述的是戏精少女以为男同
事在深夜联系自己是要告白，在对方还未开口时拉上自己的姐妹花团
队不断为自己加戏，故事引发众人的八卦好奇心，爆笑连连。该H5
从一个经常发生在社交环境下的故事入手，加上比较有趣、吸引人的
标题，迅速吸引了大部分人的关注。

·扫描二维码欣赏案例·
（出品方：有道云翻译）

图2-6 《深夜，男同事问我睡了吗……》H5界面

案例分析：这是滴滴出行出品的宣传H5。加载完毕，先进入一段
视频。视频内容：年关将至，大臣唠叨，皇上厌倦后要出宫散心，依
次经历骑马、乘轿、坐公交车、坐出租车等出行方式，各种苦不堪言，
最终叫到滴滴专车，通过对比，皇上大为激动，封滴滴专车为御赐专
车（图2-7）。视频结束，进入最后一页，引导用户领取红包或者分享。
该H5属于恶搞风格，在场景上，让皇上与大臣经历了一次时空穿越，

民国时期的街道，20 世纪 80 年代的汽车等等，给人一种新鲜感。视频背景音乐采用说唱的形式，无厘头、搞笑。对于品牌的宣传，则是通过对各种交通工具在舒适度、安全、速度等方面的对比，差异立显。整个视频语言夸张搞笑，画面精致，以及充满年代感的大街、来往的各色行人。

·扫描二维码欣赏案例·
（出品方：滴滴）

图 2-7　《皇上出宫奇遇记》H5 界面

爱听故事，是人的天性之一，不分男女老幼，几乎无一能够抗拒故事的魅力。在合适的时机，适当地运用讲故事的技巧，是非常有效的策略。多数消费者愿意为一个好故事买单。那么在 H5 设计时，怎样设计一个生动的故事？

（1）紧跟时事话题，利用热点效应。当一件事情成为热点，将会获得成千上万的人关注。结合热点话题制作 H5 作品并火速上线，就能吸引更多用户的注意力，激发用户的分享热情，以此进行产品宣传是一种好的运营手段。

（2）结合各种节日，围绕大家关心的节日话题借势出招。苏宁电器在 2015 年春节的时候做了一个《春节遭遇鸡婆亲戚怎么办》的 H5 作品，围绕年轻人春节回家时最怕被亲戚问到的 12 个问题，给出了奇思妙想的解答，获得了很大的转发量。

（3）讲好的故事，引起情感共鸣。通过有价值的内容，以交互的方式，引发用户的情感共鸣。《1 分钟还原柴静视频真相》就是用讲故事的方式将柴静 103 分钟的记录片《穹顶之下》浓缩成为一个短故事（图 2-8），以精确的污染数据来引发用户的共鸣。用户看到后面才知道这原来是魅族手机做的营销策划。

（4）加入声音特效，效果逼真、与画面契合的配乐或音效能帮助

图 2-8 《1 分钟还原柴静视频真相》H5 界面

用户观看作品时获得更多维的感官体验。在《温暖回家路》H5 作品中，作者加入了不同地方的方言来描述"我眼中的幸福"，令人倍感亲切。选择在春节前这个每个中国人都思家心切的时段投放，听一段乡音，很容易引起用户思乡情。

2.3　整理思路，做好策划以及选择表现形式

2.3.1　怎么做一个策划案？

有了好的创意，如何让创意落地，如何找到创意和技术实现的平衡点是策划的难点。H5 是一个综合体，一个好的策划案其实等同于一个好的电影剧本。我们在做策划时要记住"好奇心不死，新鲜感不断"。

一个完整的策划案，要尽可能地把 H5 每一页的内容展示都表达清楚。明确 H5 的主题，如何让人舒服地接受主题就是重点。在产品策划上，形式或视觉技术上的炫酷容易刷新用户的眼球，同时内容传达能与用户情感产生共鸣或认同感，内容结果让人有炫耀欲，且分享奖励大于自己的分享代价也是策划的基本要素。

策划本身的宿命是不断突破边界，所以策划本就无法可依。好的策划，肯定是不断观摩，不断实战，去了解设计，去了解技术，提升文案水平。一个好策划就是一个好的产品经理（图 2-9）。做一个好的 H5 策划案，需要注意几点：

	现状	为什么	你觉得
对象 what	什么功能	为什么是这个功能	若是你，怎么做
目的 why	解决什么问题	为什么要解决这个问题	若是你，解决什么问题
场所 where	使用场景	为什么是在这个场景	你会选择怎样的场景
时间 when	何时使用，使用多久	为什么是在这个时间	你觉得应在何时
用户 who	用户群是谁	为什么是这群用户	你觉得是何种用户
手段 how	怎样的解决方案	为什么要用这样的解决方案	若是你，用什么手段

图 2-9　策划设计流程

（1）用 **** 的人群特征是什么？比如年龄、职业、兴趣。有代入感的内容是什么？

（2）客户要打入的目标人群的特征是什么？如具体的年龄、职业、兴趣等。本次 H5 投放的目的是什么？

（3）客户的目标人群喜欢什么样的内容？如二次元、幽默、科普、养生等。

喜欢的内容 + 投放目的 = H5 创意

在 H5 策划时，要考虑用户的耐心是有限的。数据显示，若加载时间超过 5 秒，就会有 74% 的用户选择关闭页面，而且只有近一半的用户会阅读完整个 H5 的内容。页面层级越深入，用户流失得越多，且前两页的流失率最高，84.22% 的用户在第一个页面就会选择去留。因此，在设计 H5 的时候尽量考虑以下几点：

（1）在不影响内容的前提下，首页加载时间能否尽可能压缩？

（2）加载页能否增加一些互动或有趣的小动画，减少因等待而流失的用户？

（3）H5 的所有资源能否在首次加载即基本加载完毕，以减少用户在后续体验中可能出现的延迟或等待？

（4）在思考布局时，是否有意识地减少页面层级，且尽可能简洁、清晰地表达产品的全部内容来提高页面转化率？

H5 策划整体流程可参照以下步骤：

（1）H5 的选题（明确这个 H5 的诉求是什么）。

（2）交互形式（交互形式最好选择在 3 种以内）。

（3）成本考虑（在保证效果的前提下尽可能降低成本）。

（4）设计表现（视频、手绘、动画、漫画、真人秀等）。

（5）音效（在调性上寻找合适的配乐和音效，注意声画同步）。

（6）过程细节（在用户体验过程中 H5 可能出现 BUG，要尽可能有预案）。

（7）要有一个惊艳的开头（如果加载时间长，一定要用心做好加载动画）。

（8）标题（分享标题是用户对 H5 的"第一印象"）。

2.3.2　确定表现形式

到了具体设计阶段，就需要确定表现形式了。如果选择伪装朋友圈形式，那么必然要奔着这个方向去做得更像朋友圈的页面，去研究微信内部的页面和 UI 细节，这样的执行就特别强调临摹和还原。如果要做走心故事，那么美术风格很可能会倾向插画，需要找到相应的参考来设计画面，在调性和内容上要符合主题，并且要寻找合适的配乐以及声效。在这个阶段，设计师需要判断用哪种表现形式，需要什么调性，搭配何种元素，配乐和动效的跟进搭配究竟应该是什么样子。

所以，这个阶段对于设计的整体把控能力要求非常高，不是说你能做平面设计或 UI，你就是 H5 设计师了。一个 H5 设计师需要综合能力，他应该能敏感地意识到多种表现形式，包括音乐、动效，甚至视听蒙太奇的融合……

案例分析：《央广主播朋友圈里都有啥？》（图 2-10）是中央人民广播电台推出的两会 H5 报道产品。用户打开一个与微信朋友圈完全一致的场景，中国之声主播就"站"在这条"朋友圈"上，帮助用户刷新"朋友圈"。每刷新一条，主播会详细介绍它的主要内容，点击图片、视频，与用户自己的点击感受完全相同。主持人的轻松解读，点赞及划屏等动作，生动有趣，易于促使大家转发。《央广主播朋友圈里都有啥？》以主播抠像视频结合虚拟朋友圈的形式，采用深度浸入式新媒体报道形式，集合了广播的声音特点、视频和图片的可视特点、虚拟现实的场景特点，还加入了大家的实时评论，充分体现了媒体融合的理念。该 H5 选择主播站在朋友圈前面的玩法，非常生动，在设计朋友圈视频的时候拟真呈现，包括朋友圈的各种操作（也非常符合微信界面上的操作逻辑或大家习惯的操作方式）、图形元素和字体等，还把作品标题名称设置为"朋友圈"三个字，至少希望用户暂时忘却作品的整体就是个视频，给大家一种新奇感，促进分享。

图 2-10 　《央广主播朋友圈里都有啥？》H5 界面

案例分析：《"小朋友"画廊》H5 由 WABC 无障碍艺途与腾讯公益共同推出。整支 H5 刷屏的时间很快，不同于以往因为酷炫效果而刷屏，这支 H5 没有炫酷的技术，没有精致的页面，相反流程十分简单。打开链接，就是一幅幅画作，共有 36 幅。每幅画的底部都附有作品名，作者的名字、年龄、病症，作品介绍。里面所有的画作都是由一群特殊的"小朋友"创作的，他们患有不同程度的精神障碍和智力障碍，而你只需要花一元钱购买一幅画，就能帮助到他们（图 2-11）。每一幅画都有一个"小喇叭"按钮，点击这个按钮能听到这些作者的真实声音。他们大多说话并不清晰，有些还是由老师代为录制的。整支 H5 定位"公益性 + 低成本 + 操作简单"设计形式，选择画作 — 购买 — 存图转发朋友圈，一气呵成。用户分享海报能显示自己的微信昵称，很符合我们做好事也留名的心理。在技术上，短语音互动是点睛之笔，"声音 + 画面"让用户的体验更加立体直观。在酷炫技术纷盛的今天，朴实而恰当的表现形式有时更能打动用户。

H5 有如此多的案例，随着技术和创意的深度融合，表现形式也越来越丰富。其基础形式大致有如下几种：

（1）幻灯片式（图 2-12）：这是 H5 最早期也是最典型的玩法，因为简单、实用、几乎不需要开发成本，所以至今还很流行。其效果

图 2-11 《"小朋友"画廊》H5 界面

就是简单的图片展示 + 翻页交互，最终整体的表现很像幻灯片展示。

图 2-12 《特斯拉》H5 界面

（2）序列帧动画（图 2-13）：序列帧动画是在时间轴上逐帧绘
制不同的内容，使其连续播放而成动画。因为逐帧动画的帧序列内容
不一样，不但给制作增加了负担，而且最终输出的文件量也比较大。
但它的优势也很明显，逐帧动画具有非常大的灵活性，几乎可以表现
任何想表现的内容；而它类似于电影的播放模式，很适合于表演细腻
的动画。例如：人物或动物急剧转身、头发及衣服的飘动、走路、说
话以及精致的 3D 效果等等。

图 2-13 《我们之间就一个字》H5 界面

（3）全线性动画：全线性动画可以理解为连续动画，几乎不间断播放，像视频一样流畅细腻。《生命之上，想象之下》（图 2-14）这支 H5 打破了传统幻灯片式的呈现方式，塑造出了一种宽广、素雅、幽静的整体感受。该作品也被很多人推崇为 H5 里的动画片。

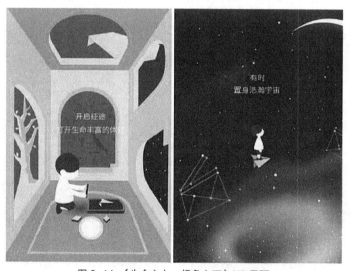

·扫描二维码欣赏案例·
（出品方：腾讯）

图 2-14 《生命之上，想象之下》H5 界面

（4）重力感应型（图 2-15）：重力感应是指通过对重力敏感的传感器，感受手机在变换姿势时重心的变化，使手机光标变化位置从而实现选择的功能。应用重力感应的手机游戏很多，比如我们熟悉的一些赛车类游戏，可以通过左右倾斜手机实现赛车方向改变。现在也有不少 H5 结合这一技术功能，在其中加入了重力感应互动，使 H5 的

可玩性和趣味性大大提高。

图 2-15 《长大是怎样的感觉？》H5 界面

（5）全景类：虚拟全景美术馆的概念并不新鲜，其鼻祖应该是 Google 的 Art Project，让你能够在线浏览全世界大多数博物馆和美术馆。杜蕾斯"博物馆"的创新（图 2-16），在于它其实是热门广告形式 H5 页面的伪装。出品方称"我们想要通过多重手段（比如馆内的彩蛋、12 点闭馆无法访问等）来创造一个虚拟的真实空间，而不是传统 H5 的单线程教育的逻辑"。

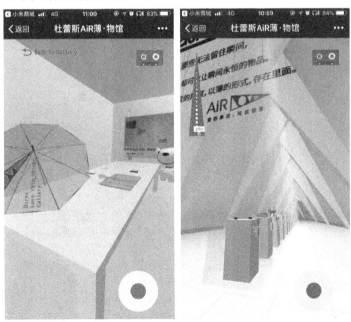

图 2-16 《杜蕾斯 AiR 薄·物馆》H5 界面

（6）3D 类：《微物志》是一支宇宙题材的 H5，也是 H5 史上第一支 3D 动画短片。该 H5 除音效之外，所有内容的总量控制在 4.1MB，其中包括 120 套贴图，在文件大小上是非常小了，但在画面上基本保证了精美效果。不过，整支 H5 因为在叙述上过于平淡，缺少起承转合，在交互上也缺少用户对内容的操控，且时长达 5 分钟左右，用户体验不理想，很少有用户看完全部内容。

（7）双屏互动：双屏互动型，即两部手机通过扫码等方式实现一起互动。你可能会被这支《你敢在办公室里变瘦吗？》（图 2-17）调皮的 H5 "骗" 到。选择 "敢"，会有一个身材窈窕的女子出现，点击想瘦的位置，就能进入互动环节——跟着手机上的美女运动，做完才有果汁喝。这里其实运用了重力感应，稍微动动手机就能激活屏幕下方的果汁，每完成一次，还有可爱的鼓励文案为你加油。最后的分享环节以双屏互动进行，朋友扫码后要完成一个 "倒果汁" 的动作，才能完成分享，以活动价购得果汁。

图 2-17　《你敢在办公室里变瘦吗？》H5 界面

（8）朋友圈场景：模仿某人或某品牌朋友圈的 H5 也十分普遍，这类 H5 的特点是模仿朋友圈聊天场景，进行内容呈现。有道云《这位 "职场老司机"，请收下我的双膝！》（图 2-18）这个 H5，更像是一个有道云产品使用的流程演示。通过老板和客户不断的催促，一个 "职场老司机"通过有道云的使用，轻轻松松解决了问题。他在提升效率的同时，也展示了有道云的便捷、实用和高效，给职场菜鸟提供提升工作效率的方案和入口。

·扫描二维码欣赏案例·
（出品方：有道云）

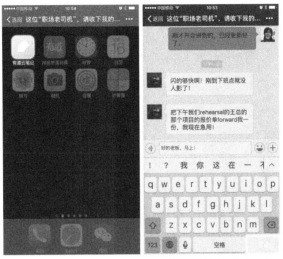

图 2-18　《这位"职场老司机"，请收下我的双膝！》H5 界面

2.4 产品原型、文案以及具体的分页设计

2.4.1 原型的作用

（1）原型起到凝聚团队共识，促进团队沟通的作用：在工作流程中，整理好 H5 的需求，写出策划后，便要求画出原型，设计师、后台技术，以及前端技术都会根据原型开展工作，最后产品测试上线。因此，在整个流程中，原型就像是一个达成大家共识的"中心器"。一份合格的原型要尽可能地让团队看得懂，以减少沟通的失误。

（2）原型的页面设计也需要关注用户体验：原型设计时，要关注用户体验，因为在 H5 实现过程中，各个部门基本会按照策划画的原型去制作开发，所以原型设计时也要关注交互设计。

原型设计一般分三个阶段（图 2-19）：

图 2-19 原型设计各阶段

（1）拆解需求阶段：接到需求，并对需求进行梳理，使流程形成闭环的阶段。比如我们需要在这个活动中有一个功能 A，那么在原型设计时就要思考怎么能够让这个功能 A 在流程中走通，形成闭环。同时在每一步操作中，考虑用户的每一种可能行为。解决这个过程最好的就是画流程图，尽可能详尽地列出各类情况。通过这个阶段，我们可以对整个原型进行整体把握，知道这个原型可以干什么（满足用户什么需求），需要哪些功能去满足这些需求。

（2）信息组织阶段：具体到页面上，这一阶段就需要我们对各个功能点进行合理的布局，尽可能避免出现用户找不到自己需要的功能的情况。要知道，用户非常没有耐心。H5 页面不同于 APP，它几乎没有下载的沉默成本。在信息爆炸的时代，朋友圈、微博、知乎等中的信息流不断冲击着我们。一个页面，如果不能在 3~5 秒内抓住用户的眼球，就会被用户关闭了。那么在这种情况下，怎么让用户自然而然地在 H5 页面找到他需要的功能呢？我们可以通过分析相似产品，提取用户习惯，进行逻辑归类的方法。通过对市场上满足同样需求的产品（APP、手游、端游等）进行一个简单的分析，思考它们页面的布局，并思考布局背后的用户习惯，同时也尽可能把重要功能变为快捷入口。这样，整个 H5 页面结构既能"反映用户思维习惯"，又能"支持他们完成任务和目标"。

（3）任务设置阶段：在理解了 H5 页面需要满足哪些需求（有哪些功能），以及这些功能要怎么归类放在不同的入口，接下来，我们就要真正考虑每个页面的具体设置了。这时需要构建主要任务和次要任务，并与设计师沟通，让设计师使用一系列设计原则对用户进行引导。对两个或以上功能（任务）进行一个优先级排序。一个产品整体上体验好，需要产品策略、界面设计、技术、运营多方面配合。例如，技术上，能否尽可能地压缩 H5 页面的大小，缩短用户打开时间，减少闪退的情况？运营上、文案策划上能否简单直接？怎样吸引并打动用户？能否不强制用户操作？等等。

2.4.2　H5 产品文案设计

讲故事，编理由。很明显，要想让大家看你的 H5 作品，先要给用户一个理由。要考虑怎样的文案会让用户"主动打开、主动分享、主动传播"。"每个人都只会在自己的故事中哭泣"，用户也只会在自己的情感中感动。避免做作的情怀和一厢情愿的"自嗨"。一句引人共鸣的文案，给人们带来的回响，比几页一厢情愿的文案强百倍。

案例分析：文案走心，拉近与用户的距离。

众所周知，音乐是沟通的桥梁，可以拉近人与人之间的距离。网易云音乐借用自身音乐 APP 优势，创作的《你的使用说明书》H5（图 2-20）就充分发挥了音效功能。这支 H5 以音乐内容为题，有雨声、火车声、打字声、海浪声等，再通过"心理测试"的形式向用户传达意图，自然能让用户产生好感。网易云音乐以自身的优势来营销，可以最大限度地发挥自身的特点，且不让人反感。品牌本身在用户心里有一定的辨识度，如果是千篇一律地套用别人的方法，势必会消磨掉自身的优势，让人无法喜欢起来。网易云音乐立足自身特点，辅以走心文案，拉近了与用户的距离。

①关于睡觉：

XX 最大的兴趣就是睡觉。

请多给予 XXX 一点睡眠时间。

XX 一困就会情绪低落，请给予他适当的睡眠时间。

XXX 按时睡觉的程序被设计得太复杂，很难执行。

XX 早上起床时容易发生爆炸。

……

②关于吃：

如果 XX 做事开始慢腾腾，及时给他一点吃的。

XXX 遇到香喷喷的东西就会变圆。

XX 即使心情低落，也会保持精神，这时候给他送些点心吧。

要定期给 XX 喂食，她相当单纯。

XX 心情不好的时候，给他吃一点甜甜的东西吧！

肚子饿了就会心情不好，带 XXX 去吃美味的食物吧！

吃饭也是 XXX 缓解压力的一种办法。

……

③关于运气：

XX 能通过每次挑战完成升级，获得更高的智慧和运气。

XX 拥有迷之运气，中乐透的实力异于常人。

XXX 是能带来元气和灵感的迷之吉祥物。

XXX 常常给身边的人带来好运。

XX 听到喜爱的音乐，就能触发运气开挂的效果。

……

或调皮或走心，这些文案都是关于生活中的小细节，让人看了觉得似乎说的就是自己，而且有了心理测试的前提，会加大用户对这种文案的信服度。再者，测试结果都是美好又风趣的，哪怕有性格"槽点"，也是无伤大雅，反而增添了几分可爱。

·扫描二维码欣赏案例·
（出品方：网易云音乐）

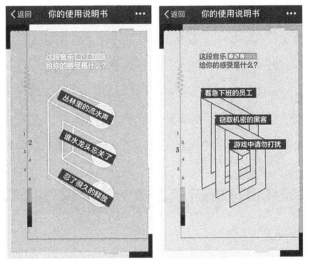

图 2-20 《你的使用说明书》H5 界面

传统的营销方式是将产品的信息推到用户面前，通过大量的曝光对用户进行包围，试图在他们的脑海中留下根深蒂固的印象。但通常情况下，大量的信息都会被用户过滤掉，尤其是广告，会让用户不自觉就产生防备。测试类 H5，通过日常问答，且题目数量不多不少，能消除用户疑虑。在时间越来越碎片化的现在，抢占时间就成了品牌决胜的关键，既要让用户关注到，又要在有效的时间内传达信息，如果占用时间过长，很容易适得其反。网易云音乐以用户创造内容（UGC）营销见长，能够先给用户一定的心理暗示和期待，这次的 H5 文案再次加深了用户对网易云音乐 UGC 营销的认可度。只有不被用户过滤的内容，才具有真正的价值。

案例分析：开放性大命题，让用户在娱乐中思考。

策划上，用"青春是什么颜色？"为主题，超强文案配合变换的纯色块动画，让我们感受青春的活力与颜色，红、黄、蓝、绿、黑、白，每个颜色都代表着青春的一个特点。然后引出推广的商品：New Balance 574。多彩艳丽的 New Balance 574，代表着青春，代表着颜色。开放性大命题引起关注度。每一个颜色动画场景，都配着一句能引发青春思考的句子（图 2-21），只有亲自打开体验，才能体会它摄人心魄的魅力，超强文案！New Balance 可谓是玩青春玩得最深入人心的品牌了。《青春是什么颜色？》这支 H5 对每一种颜色都通过一句话来阐释，最后引出自身品牌，"这是我们更熟悉的青春足迹，这是我们本来的样子。New Balance 574，这是我们的原色"，句句震撼人心，句句引人深思。该 H5 没有什么复杂的技术，干净整洁，但是创意本就是一件简单的事情，真正的创意永远没那么复杂，最简单的形式往往会给人最直接的震撼。

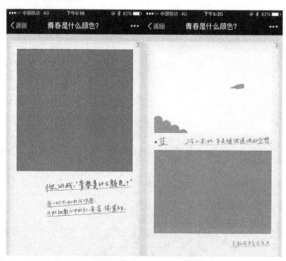

图 2-21 《青春是什么颜色？》H5 界面

案例分析： 传递经典价值观，带给用户温暖。

星巴克的 H5 广告有着非常一致的调性，而内容也不像其他品牌的 H5 那么具有热点意义。特别的旋律、特别的传统或者说有点保守，但是又总会在细节上让你看到不同的亮点。他们的创意也都会强调一些经典价值观或经典理念，而那些特别热点的策划就不太合适了。所以，创意团队在形式上每次都会找到一个突破点，文案也很好地配合了创意的表现。这支《有你，圣诞很温暖》（图 2-22）H5 以冬天里的星巴克为场景，讲述了一对恋人之间的温暖故事，最后推出"星巴克温暖时刻"的活动。整套文案浓情蜜意都在对用户的关怀体验中，

·扫描二维码欣赏案例·
（出品方：星巴克）

图 2-22　《有你，圣诞很温暖》H5 界面

让用户留恋其中，不忍拒绝。

文案创意，要做到以下几个方面：

（1）定基调，引起共鸣。

（2）好内容，好标题，接地气。

（3）树标杆，让用户觉得自己也能。

（4）走心、抓眼，用 99% 的时间建立信任，1% 的时间打广告。

（5）文案的逻辑一定要非常清楚，有头有尾。

（6）创意不要太复杂，操作流程要简单，傻瓜式体验。

（7）尽量简明扼要；当必须有大篇幅文案出现时，一行一句，分

段出现。

案例分析：巧心构筑，激发用户好奇心。

一句好文案的力量足以改变整个局面。如果一支 H5 的标题起得很普通，试问有多少人会去点击浏览？"宝马是不错，然而和我并没有什么关系"，相信这会是许多人的内心独白。但"该新闻已被 BMW M 快速删除"的新闻标题（图 2-23）就会让大家忍不住想点击，毕竟好奇心谁都会有一点。该 H5 未开始，已经赢了一半，这就是文案的力量。

图 2-23　宝马 H5 分享标题

真正走心的文案背后，都有一个精准的洞察。洞察，就像隔洞窥视，发现消费者心底的秘密。一个精准的洞察能激发消费者的三重反应。

（1）惊讶——"啊！你怎么会知道！"

（2）强烈的共鸣——"我也有这种感觉啊！"

（3）强烈的情绪平复之后，他（她）会对你刮目相看——"这么多品牌，只有你懂我。"

H5 的文案就是要传递给用户这样一种理念，获取他们的信任，让用户知道你不是在浪费他们的时间，让用户知道他们真的需要你的产品！

对一个 H5 来说，文案必须配合图像、动画，让读者进入情境。比如关于"年味"的文案，如果只说"从前我们过年很快乐"，很多人没有直观的感受和共鸣；但是如果说"年味是柜子里裹藏了许久的新衣"，就能引起人们小时候新衣服必须要留到大年三十才能穿的回忆。文案就是将对的故事讲给对的人听。使用什么样的话题、什么样的内容，激发用户的分享欲和炫耀欲，引发用户对产品本身的思考，让用户一看就知道你想说什么，从而达到推广目的。《首草先生的情书》（图2-24）H5 以"女人最好的补品不是首草，而是爱"为主题，纯净的背景音乐＋温馨的配图＋走心的文案，画面虽然简单，不过意义深远。用户翻阅 17 页真挚的情书，在舒缓的背景音乐中，感受浓浓的爱意。整支 H5 在情绪渲染上抓住了用户的注意力，推出之后在用户群中被疯狂转发，可谓是 H5 营销的启蒙作品之一，开启了 H5 营销的潮流。

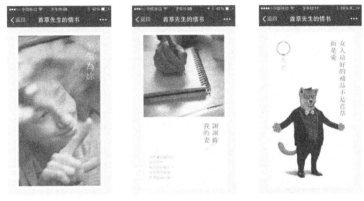

·扫描二维码欣赏案例·
（出品方：首草）

图 2-24 《首草先生的情书》H5 界面

2.4.3 分页设计

应该说，H5 从立意、创意、设计，到制作、传播，是一个一气呵成的系统工程，页面布局的合理、技术的把握、创意与文案的优化、传播的执行都不可或缺。自 2015 年开始，腾讯互娱每年发布《移动页面用户行为报告》，现已连续三期。我们做分页设计时要充分了解用户行为与习惯，根据不同的行业特性、活动主题、品牌调性等，进行H5 分页设计。

2015 年第一期报告（图 2-25），共计 8 点：[1]

①加载：5 秒内。

_____

① H5 案例分享.腾讯互娱出品，《移动页面用户行为报告》三期汇总［EB/OL］.2017-10-6［2018-5-1］.https://www.sohu.com/a/196493317_304124.

图 2-25 《移动页面用户行为报告第一期》H5 界面

②高峰期：中午 12 点 / 晚上 10 点。

③页面热度：两天。

④操作习惯：滑动切换。

⑤流失率：层级越深，流失越多。

⑥流失率：复杂交互导致流失。

⑦转化率：平均 25.01%。

⑧分享率：平均 12.61%。

2016 年第二期报告（图 2-26），共计 8 点：

①页面寿命：固定资源推广可延长寿命。

②停留时长：功能型页面长于展示型。

③停留时长：首屏和尾屏时间更长。

④按钮点击：首屏和尾屏点击率更高。

⑤按钮点击：受名称影响。

⑥按钮点击：受动画影响。

⑦页面提示：用户会选择性忽略提示。

图 2-26 《移动页面用户行为报告第二期》H5 界面

⑧操作习惯：用户会沿用上一屏操作。

2017 第三期报告（图 2-27），共计 6 点：

①真人结合互动创意的视频 H5 有较高的分享率。

②即通社交类 APP 是目前视频 H5 投放的主要渠道。

③ Wi-Fi 已经较为普及。

④加载速度依然是影响用户初始留存的主要因素。

⑤ Loading 界面的趣味性影响用户初始留存。

⑥视频时长建议控制在 100 秒以内。

·扫描二维码欣赏案例·
（出品方：腾讯互娱）

图 2-27　《移动页面用户行为报告第三期》H5 界面

2.5 产品的技术实现

2.5.1 H5 产品的实现要点

一个好点子需要好的策划，一个好的 H5 策划需要一个好的执行团队。从策划到执行，H5 传播是否成功就要取决于实现的手段了。

1. 所有 H5 的前提是基调

不同的内容或不同的主题，需要不同的风格、基调。要想与用户友好地交流，就要先讨好用户的喜好基调。我们无法满足所有网友的要求，但是我们可以锁定目标用户的爱好风格，卖萌、逗趣、煽情、酷炫、文艺等等。

2. 好内容是 H5 的灵魂所在

如果没有好内容，再先进的技术也只能让用户惊叹一秒，再漂亮的界面也仅是看完便忘。好的 H5 要站在用户的角度，述说一个篇幅不长但走心的故事，使用户耐心看完并且过目难忘。

3. 删繁就简的交互是王道

最先进的技术不是为了增加交互的复杂性而生的，恰好相反，是为了获得删繁就简的交互。傻瓜式的操作，永远比复杂酷炫的操作容易得人心。大多数百万页面浏览量（page view，PV）的 H5，其实就是这种类型。

一款刷爆朋友圈的 H5，至少要具备以下特性中的两点：走心，抓眼，享受，窃喜，易参与，能引起用户的兴趣、共鸣、攀比心。这样的 H5 距离刷屏不远了。

2.5.2　H5 技术实现通常会用到的工具 [①]

1. 最全能设计工具：Photoshop

在 Adobe 产品线中，Photoshop 是个极强大的综合软件，尤其是在 H5 领域 。Photoshop 升级到 CC 版本之后，不但可完成矢量绘制，还能够对视频和声音进行编辑，可编辑动效和添加简单特效。其功能虽与专业软件有差距，但基本可满足设计 H5 的常规需求。

用户已经可以一气呵成地用 Photoshop 设计画面、动效，剪辑视频，修改音乐。所以 H5 设计，有必要深入研究 Photoshop。

2. 辅助设计工具：Illustrator、Sketch

Illustrator（AI）和 Sketch 为矢量绘制软件，便于绘制线框图和快速表现画面。AI 的使用能让你在字体设计上更显优势。

Sketch 也是一款矢量绘图软件，而矢量绘图无疑是目前进行网页、图标以及界面设计的最好方式。矢量文件具有以下优势：不失真，Symbol（图形样式）和 Style（文本样式）功能，有利于批量修改和复用；每个图层都支持多种填充模式（Fills 可以添加或隐藏填充效果）；多种尺寸导出功能，可导出部件；自动保存所有历史记录，便于追溯修改；等等。

3. 特效工具：After Effects、CINEMA 4D

由于 H5 的媒介特性，使它具有跨界表现力。我们可以利用这些特效软件制作出炫酷的画面，随后利用序列帧、视频导出画面并植入 H5。目前多数炫酷的 H5，都是利用这类软件来辅助设计的。当然，像是 3D Max、MAYA 等多类设计软件都可辅助设计 3D 动画。这类工具属于特殊 H5 所需使用的，建议设计师根据情况选择学习。

4. 声画编辑辅助工具：Final Cut、Garage Band 等

大多数 H5 对于声音、视频要求不是很高。MAC 系统用户推荐使

---

① 苏杭 .H5+ 移动营销设计宝典 [M]．北京：清华大学出版社，2017.

用 Final Cut，学习成本低。Windows 系统用户推荐使用 Premiere 等软件工具，上手快，功能相对全面。而 Garage Band 是 Mac 音乐制作软件，不仅能剪辑音频，还能进行深入编辑。这些软件非常实用，并且容易掌握。

5. 图片压缩工具：TinyPNG、智图

TinyPNG 一次最多可以批量压缩 20 张 JPG 格式或 PNG 格式的图片，压缩完后还可以让用户打包下载。TinyPNG 除了在线版还有插件版，能把国外网站里的图片自动压缩，功能很强大。

智图是腾讯 ISUX 前端团队开发的一个专门用于图片压缩和图片格式转换的平台，其功能包括针对 PNG、JPEG、GIF 等各类格式图片的压缩，以及为上传图片自动选择最优的图片格式。同时，智图平台还会为用户转换一份 WEBP 格式的图片。

6. H5 动效展示工具：Keynote、PPT、HYPE、Photoshop、After Effects

这部分设计工具主要为定制型 H5 准备。如果利用第三方工具设计 H5 时，通常不需要演示和与技术人员沟通。但当需要制作内容复杂的动效时，会需要 H5 设计的演示"神器"。

Keynote 是幻灯片软件，操作简单、功能繁多，让用户可以在开发前看到演示效果，缺点是只有 MAC 系统可以使用。如果你使用的是 MAC 系统，则系统自带 Keynote 软件。Windows 系统用户也可以用 PowerPoint 来做辅助效果演示，只是操作会比较烦琐。

如果 Keynote 无法满足用户需求，那么可以试试 HYPE 这款移动端软件。它不仅包揽了 Keynote 的动效功能，还加入了动力学模块和时间轴这样的高级命令，结合了 After Effects、Keynote、Flash 这些软件的多种优势，并且拥有自主响应式设计功能和自动将 H5 页面直接生成代码的能力。

利用 Photoshop 也可做动画演示，效果介于 Keynote 与 HYPE 之间。单从效果来说，After Effects 具备更出彩的演示能力，不过其学习成本高。

2.5.3　H5 设计生成工具

1. 定制化 H5 生成工具

定制化的 H5 都是通过前端工程师来实现的，大体上程序员会用到 HTML5、CSS、Java Script（JS）等代码语言。针对此类工具，设计师无须学会，但需了解。

2. 网站类 H5 生成工具

网站类 H5 生成工具主要以网站和 APP 形式存在，需要在线编辑，不用通过前端工程师，设计师可自行完成操作。但这类工具可实现功能有限，后台数据也难以获得，一些功能需要付费解锁。这类工具主要分为两大类：

（1）模板类，如易企秀、兔展、MAKA、初页等（图 2-28）。这类工具上手很快，操作简单，但功能有限，可以快速高效地设计出一支 H5。

图 2-28　模板类 H5 生成工具

（2）功能类，例如互动大师（iH5）、木疙瘩、意派 360 等（图 2-29）。这类工具功能相对全面，能够做出近似定制的效果，未来发展潜力很大。但目前这类生成平台的学习成本较高。

图 2-29　功能类 H5 生成工具

H5 设计主要应用工具如图 2-30 所示。

图 2-30　H5 设计主要应用工具

2.6 设计中需要注意的事项

我们在 H5 设计中需要注意的事项有：

1.品牌露出不明显

有的同学辛辛苦苦地做了一个炫酷的 H5，结果最后没放自己的名字，或者写得不起眼。这个跟在试卷上不写名字的性质是一模一样的。

目前媒体的 H5 入口一般有 APP 和微信两个渠道，应该在比较明显的位置放上这两个渠道的打开方式，这也是很重要的。因为 H5 的传播量经常可达上百万甚至上千万，即使转化率再低，也能给自己的 APP 以及公众号增粉几万甚至几十万。一般品牌露出推荐三种形式：

（1）初始载入页露出名字与 LOGO；

（2）专门设置更多精彩入口（有 APP 下载链接按钮与微信公众号二维码图片）；

（3）版权信息页（可以放各种制作人员名字，以及 APP 与微信的入口）。

2.加载速度慢

许多同学加班加点做出来一个大工程到最后一步的时候，发现加载时间特别长。切记，加载时间越长，看到 H5 内容的人就越少，因为许多人都在加载页面就退出了。这时候，你的文件包，十有八九已经 5、6MB，甚至十几、二十兆字节，如果不能删减内容，你只能尽可能地压缩素材大小。一般，流畅的 H5 总体大小要控制在 2MB 以下，最多不要超过 5MB。

3.提示不足，用户体验差

我们在做数据统计的时候，有时候会发现在某一个 H5 里，大量用户在某一页退出。打开 H5 之后才发现，那一页虽然做了一个很酷炫的交互，但是大部分人都不知道，以为那就是最后一页或者是页面卡住了，所以就退出了。我们在制作 H5 时，必须要让用户有一个很好的体验，交互要让用户有熟悉的感觉，在合适的时候要给予用户一点提示，让他能继续浏览下去。

为什么现在许多流行的 H5 都是类似于群聊、朋友圈、抢票、直播之类的呢？就是因为用户之前对这个界面以及操作有熟悉感，所以才会参与进去。我们在设计交互的时候，一定要考虑用户的体验。举一个很小的例子：一般翻页我们都是从左向右划，为什么呢？因为大部分人都是用右手操作，无论是用右手哪根手指，我们可以自己尝试一下，是从左向右划习惯还是从右向左划习惯。

4. 节奏太慢，不必要的内容盖掉了主体内容

这是一个设计者经常犯的毛病。我们在制作 H5 的时候经常为了做一些炫酷的效果与动画，而一不小心把这个动画做了十几秒。对于人的耐性来说，这个时间比较长。用户如果不被这个动画所吸引的话，很有可能直接就退出了。主要内容的及时出现，会让用户停留得更久，通过筛选出有兴趣的人并转化成固定的用户。同样，文字也不宜多，一页 80 字左右即可，突出重点。

5. 设计上出现问题

设计上经常出现的问题一般都是整个 H5 的各个页面风格迥异，这对于用户来说体验不会很好。因为整个 H5 其实体量并不是很大，需要有一个统一的设计风格或者思路将其从头到尾串起来。可以举一个具体的例子：H5 里有许多的图片，其实这些图片稍微做下处理，然后用一个统一的 UI 摆好，这样给人带来的体验会比直接"丢"图片上去要好很多。

6. 制作不完整，BUG 较多

在你认为完成了一个作品的时候，一定要翻来覆去地体验多次，检查下有哪些地方有体验上的问题，是否有页面缺失、按钮不能点等情况。对于新手来说，这些都是经常出现的问题。使用平台工具来制

作 H5，虽然相较于自己编写代码而言 BUG 会大大减少，但是在制作中还是会遇到类似于行为缺失、没有命名等情况。在调试的过程中一定要找出问题，予以精准解决。

7. 没做兼容性测试

兼容性测试其实就是拿许多台手机在不同的环境下打开这个 H5，测试这个 H5 的打开速度、性能等。使用平台工具制作的 H5，在兼容性方面已经做得很好了，但是还是会有一些类似于上面所说的因为制作者本身产生的 BUG 出现。这时候如果时间比较紧张，最好就是试着绕开这种容易出问题的地方，例如关掉声音的预加载，处理下物体的 3D 旋转以及遮罩等。

8. 内容较隐晦，表达不直观

许多 H5 的内容，让人感觉有种藏着掖着的感觉。在 H5 制作中，内容应该具体而且明显，内容的文字表达以及图片表达应该符合整个 H5 内容的设计概念与思路，让人一眼就能看出这个 H5 在表达什么。在策划时，一定要想清楚自己策划中的核心亮点是什么（往往也是最具特色的交互部分），将亮点尽快展示出来，不要在这之前摆放太多非重点的信息，这是设计师经常会犯的错误。在 H5 的设计之初，对于整个 H5 的思路与内容的表现应该有一个综合的考虑，不能因为炫酷的效果而放弃一些重要内容的表现，也不能太过依赖文字而放弃富媒体表达的便利性。我们应努力做到：抓住重点，懂得取舍，简约极致。

9. 音乐、音效缺失

许多 H5 忘记加入音乐和音效。对于一个富媒体内容来说，音乐和音效能给自己的作品加入更多丰富的内容，提升整个作品的档次，这个是必不可少的。

10. 发布渠道需要明确，根据不同的平台有针对性

在实际经验中，许多 H5 是需要发布到媒体自己的 APP、公众号或域名上去的。在做这些渠道的发布之前，一定要注意以下几个问题：

（1）APP 的浏览器内核版本，自动播放声音开关是否打开，是否

支持原生视频播放代码等。

（2）公众号是否已经绑定域名，是否已经申请好接口。

（3）服务器的稳定性需要测试。

一个 H5 产品如果在 H5 平台上设计与发布的话，其对于微信平台是已经经过优化的，但是对于各种各样的 APP，并不会一个一个去做针对性的兼容性优化。这时候需要 APP 本身注意（1）里面提到的几个问题。其实做好这些工作，我们以后再遇到类似的富媒体内容，就游刃有余了。

11. 在完成以上工作后，要注重分享的标题和描述语（分享文案）

分享的标题和描述语（分享文案）是用户最先看到的信息，能否诱导用户点击的关键就是这里的文案写得怎么样了。

2.7　H5 设计师参考的专业网站

H5 设计师应常浏览网站有：[①]

1. 创意设计类

（1）站酷：http://www.zcool.com.cn/

站酷里有很多很棒的 H5 制作团队，里面还有大量的 H5 制作花絮、经验、素材文章。

（2）Behance：https://www.behance.net/

Behance 是于 2006 年创立的著名设计社区，有大量优秀原创的设计作品被展示在上面。目前国内的设计师也有很多转战于此。

（3）Pinterest：https://www.pinterest.com/

这是一个类似于花瓣的设计网站，可以搜索到大量的创意设计。

（4）数英：http://www.digitaling.com/

通过搜索 H5 关键词，可以获取很多最新的 H5 案例。此外，该网

---

① 怪熊叔叔.一个独立 H5 设计师的私藏干货分享.[EB/oL].2016-10-22[2018-5-1].https://mp.weixin.qq.com/s/uWihY6VQOjW7X1kOAosYlw.

站还有大量的设计文章，创意等值得借鉴学习。

（5）TOPYS：http://www.topys.cn/

TOPYS 主打的是创意，里面有很多视频广告和创意非常值得学习借鉴。

（6）H5 案例分享：http://www.h5-share.com/

定期更新最新的 H5 案例，帮你分析出案例的制作亮点以及实现技术。

（7）codepen：http://codepen.io/

很棒的代码设计网站，支持在线编程预览，你还会发现很多脑洞大开的代码创意。

（8）设计师网址导航：http://hao.uisdc.com/

该网站里面打包了大量的网站，很多还是比较有用的，值得收藏。

2. 素材下载类

（1）爱给网：http://www.2gei.com/

全部素材几乎都免费提供，"最赞"的是其庞大的音效库，制作 H5 音效非常便捷。

（2）新 CG 儿：http://www.newcger.com/

有大量的文章和教学案例，以及很多免费的素材可供下载。

（3）优设：http://www.uisdc.com/

不定期有大量的原创文章分享，优秀素材可供免费下载等。

（4）uidownload：:http://www.uidownload.com/

国外的免费素材网站，里面有大量的 PSD 和 AI 源文件可供下载，设计感强。

作业要求

1.针对学校各社团特点，分析用户需求，用 H5 设计思维做出策划，并写出文案。

2.将上述策划做一个 7～8 页的原型设计，要考虑流程形成闭环且每页布局合理。

3.比较 H5 专业软件各自的特性，了解木疙瘩软件的基本功能。

第3章

视觉、动效、交互、声音

本章引言

在创意与形式都确定后，便开始着手进行具体的执行工作，要做出理想的 H5 作品，这个阶段非常关键。互动性和用户体验效果是用户对一个产品好坏的重要评判标准，同样这两点也是 H5 营销传播内容好坏的决定因素。画面精美、体验新奇、操作流畅的 H5 才会让用户给品牌加分。传播量高的 H5 产品，通常具有以下特性：

（1）以强视觉、强互动产生冲击力，突出自身品牌特色，拒绝平庸的幻灯片式展示。

（2）利用 H5 的交互功能充分展现产品特性，吸引用户消费，达到流量的转化。

（3）较强的互动与话题性，让用户全程参与其中，连续的画面能让用户集中精力。

（4）内容为王，可在图文展示的基础上加入交互动画，避免数据的枯燥罗列。

（5）利用明星效应和炫耀性的游戏结果或恶搞DIY方式，从普通大众处获取更多流量。

优秀的作品，总会在某一方面具有独特性。要么注重技术创意，以技术创意实现视觉冲击，要么以利益驱动或者结果具有炫耀性的游戏或测试类型，这些手段都能有效地为H5带来更大流量。

本章重点和难点：H5 产品视觉与交互设计。

教学要求：学习 H5 视觉设计要点，掌握动效与交互设计类别与方法，了解 H5 音效设计。

·本章微教学·

3.1 H5 产品视觉综合设计

在确定了专题页的功能目标之后，接下来就是关键的设计阶段了。如何有的放矢地进行设计，需要考虑到具体的应用场景和传播对象，从用户角度出发去思考什么样的页面是用户最想看的、最会去分享的。

3.1.1 H5 产品视觉类型

1. 简单图文类

简单图文是早期最典型的H5专题页形式。"图"的形式千变万化，可以是照片、插画、动态图片等。通过翻页等简单的交互操作，起到类似幻灯片的传播效果。简单图文类H5考验的是高质量的内容本身和讲故事的能力。

案例分析：《滴滴打车》这支H5（图3-1）就是典型的简单图文类作品，用几张照片故事串起了整套页面。视觉简洁有力，采用整屏黑白照片，点缀以滴滴的品牌代表色——橙色。每切换一张图片，文字就渐渐浮现，没有其他互动形式，让用户聚焦于内容，通过陌生人之间的真情联系来塑造品牌的正能量形象。

·扫描二维码欣赏案例·
（出品方：滴滴打车）

图 3-1 《滴滴打车》H5 界面

2. 礼物、贺卡、邀请函类

每个人都喜欢收到礼物的感觉，抓住这一心理，品牌方推出了各种 H5 形式的礼物、贺卡、邀请函，通过提升用户好感度来潜移默化地达到品牌宣传的目的。既然是礼物，那创意和制作便是重要的加分项，尽量要做到新颖和精美。

案例分析：AKQA 创意营销公司在圣诞之际献上了一份厚礼——梦幻水晶球（图 3-2）。通过移动手机，镜头从水晶球外不断摇晃推近，渐渐走进水晶球的微观世界里。用户通过手机环顾四周，可以 360°欣赏水晶球里的全景，摇一摇雪花便漫天飘洒。写下你的祝福并分享给朋友，相信一定会惊艳到对方。这个 H5 页面使用了重力感应、3D 效果等技术，文字与背景音乐的使用也十分讲究，给用户带来了完美的互动体验，值得细细品味。

·扫描二维码欣赏案例·
（出品方：AKQA）

图 3-2 AKQA 创意 H5 界面

3. 问答、评分、测试类

问答形式的 H5 页面也屡见不鲜了，利用用户的求知欲和探索欲，一路选选选，看最后到底是什么结果。一条清晰的线索是必要的，最后到达的结果页也必须合理不突兀，如果辅以出彩的视觉效果和文案，弱化答题的枯燥感就再好不过了。

案例分析：这是亚马逊在2018年4月为即将到来的世界阅读日准备的一次活动策划（图3-3），目的是引导大家去注册Prime会员（这也是亚马逊一直主推的服务）。刷屏的背后，是亚马逊对于读书梦幻般的理解。该H5可以测试大家的隐藏人格，表现为"你是一本什么书"。该H5的画面满足了人们一直以来对读书的幻想，就是在一个偌大的图书馆里，随意挑一本书都是惊喜的感觉。所读的每一本书，都朝着光的方向出发。而亚马逊的H5，刚好把人们脑海里曾经有过的画面表现了出来。在这个H5里，每打开一本书，都是打开一扇通往新世界的大门。

· 扫描二维码欣赏案例 ·

（出品方：亚马逊）

图3-3 《每个人都是一本奇书》H5界面

4. 游戏类

从《围住神经猫》《看你有多色》等单纯小游戏，再到杜蕾斯的《一夜N次郎》（即山寨版《别踩白块儿》）等品牌植入式小游戏，H5游戏因为操作简单、竞技性强，一度风靡朋友圈，但创意缺乏和同质化现象导致用户对无脑小游戏逐渐产生了厌倦。品牌要在游戏上做到成功传播，需要在玩法和设计上多下点功夫。

案例分析：Same在圣诞节推出了一款名为"圣诞老人拯救计划"的H5小游戏（图3-4），操作非常简单。用户只需用手指交替上滑，把角色的脖子向上拉长，游戏会记录你拉的最高距离，还能通过分享跟朋友比一比谁拉的比较长。该 H5 界面清新可爱，与 Same 的招牌画风一致，游戏角色也是 Same 的品牌角色，通过幽默恶搞的游戏向用户传达 Same 独到有趣的产品文化。

·扫描二维码欣赏案例·
（出品方：Same）

图 3-4　Same H5 界面

3.1.2　H5 页面尺寸

在进行 H5 页面内容规划布局设计的时候，需要把 H5 内容放在合理的位置，不能把重要内容放在太偏下或偏上的位置，否则前端布局时可能出现内容显示不全的情况（图 3-5）。

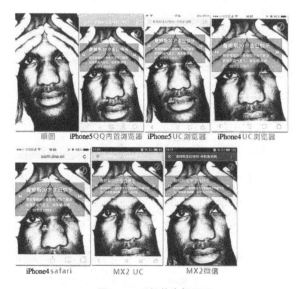

图 3-5　手机状态栏界面

除去将浏览器全屏显示的情况，几乎所有情况均会有顶部的栏目和导航栏。iOS 的设计标准，状态栏和导航栏的独立像素高度分别为 40px 和 88px。安卓系统可以更改状态栏和导航栏的高度，可以取默认值为 48px 和 100px。

如果超过尺寸，会把网页内容往下挤，进入盲区（根据不同的布局方式可能挤出视口，即可视区域之下）。取这两个系统者的最大值为 148（48+100），设计稿要尽量保证单页下面没有重要内容。

H5 的适配尺寸与一般移动端的适配尺寸不同，由于主要是在微信里进行传播推广，所以 H5 的适配尺寸必须去掉顶部通栏与导航栏这两块的高度（图 3-6）。

设备	分辨率	PPI	状态栏高度	导航栏高度	标签栏高度
iPhone6 plus 设计版	1242px–2208px	401ppt	60px	132px	146px
iPhone6 plus 放大版	1125px–2001px	401ppt	54px	132px	146px
iPhone6 plus 物理版	1080px–1920px	401ppt	54px	132px	146px
iPhone6	750px–1334px	326ppt	40px	88px	98px
iPhone5、5C、5S	640px–1136px	326ppt	40px	88px	98px
iPhone4、4S	640px–960px	326ppt	40px	88px	98px
iPhone&iPod Touch 第一代、第二代、第三代	320px–480px	163ppt	20px	44px	49px

图 3-6　iPhone 手机界面尺寸

以 iPhone 6 手机为例。iPhone 6 尺寸：375px×667px（750px×1334 px@2x）。

顶部通栏 + 微信导航条高度：20px+44px=64px（128px@2x）。

H5页面区高度：667px-64px=603px（1206px@2x）

关于页面尺寸设计中几个常用概念：

（1）像素：以 px 为单位的实际手机尺寸，比如320px×480px、640px×960px、640px×1136px、720px×1334px、1242px×2208px、1125px×2436 px 都是各型号的苹果手机尺寸（图3-7）。

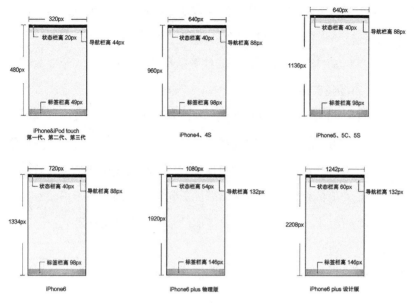

图 3-7　iPhone 手机界面尺寸示意

（2）像素密度（pixels per inch，ppi）：准确来说是每英寸的长度上排列的像素点数量，像素密度越高，代表屏幕显示效果越精细。H5中图片分辨率一般做 72 ppi 即可。

（3）倍率：交互设计中经常说的 2 倍图、3 倍图，其实就是根据像素密度得来的。H5 中一般都是做二倍尺寸，也就是 2 倍图（表示为"@ 2x"），这样无论在苹果还是安卓手机上，H5 的图片显示较为清晰，同时页面加载速度也会较快[①]。

在 H5 设计中，建议将主要内容都集中在安全区内，在安全区外的内容在宽度适配的情况下有可能会被裁掉。适配的方式分为几种：

①全屏（图 3-8）：将画面拉伸充满屏幕，包含画面全部塞进屏幕，不足的部分用背景填充。

②宽度适配：适配宽度，上下裁切。

③高度适配：适配高度，左右裁切。

④边距适配：锁定物体与边的距离。

---

① 任婕，等 . 腾讯网 UED 体验设计之旅 [M]. 北京：电子工业出版社，2015.

为便于设计师应用，H5工具平台会常常更新通用适配尺寸。木疙瘩软件中设定，iPhoneX尺寸：竖屏320px×618px，中间320px×520px为适配其他手机的安全区。强制横屏状态分辨率618px×320px；横屏（屏幕不锁定状态）757px×320px，左边60px为刘海安全区。

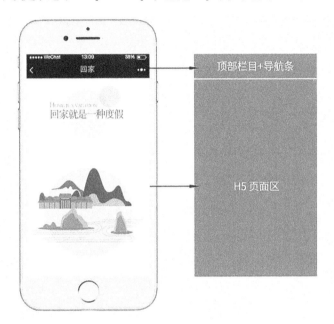

图 3-8　iPhone 手机页面区

3.1.3 页面中的图版率

在页面设计中，除了文字之外，通常都会加入插图等视觉直观性的内容。表示这些视觉要素所占面积与整体页面之间比例的就是图版率。简单来说，图版率就是页面中图片面积的占比。这种文字和图片所占的比例，对于页面的整体效果和其内容的易读性会产生巨大的影响。

图版率高低的区别：在同样的设计风格下，图版率高的页面会给人热闹而活跃的感觉；反之，图版率低的页面则会传达出沉稳、安静的效果。提高图版率可以活跃版面，优化版面的视觉度。但完全没有文字的版面也会显得空洞，反而会削弱版面的视觉度。

有时在没有图像素材的情况下，但因为页面性质的需要，页面又需要呈现出图版率高的效果。那么，该如何进行设计呢？

（1）通过对页面底色的调整，取得与提高图版率相似的效果，从而改变页面所呈现出来的视觉效果。

（2）如果素材图像尺寸小，却不想让图版率变低，可以通过色块（相近色或互补色）的延伸或是图像的重复来组织页面结构，避免素材资源不足的情况。采用和图片面积大小相同的色块可以保持界面的统一性与简洁性，而且这样的排版会造成一种错觉，使用户觉得有底色的方框整体是一张图片。而原本小尺寸的素材图在背景色的映衬下也似乎变成了一张很大的图。这种重复排列、添加变化的方法能有效地避免页面的单调和无趣。

（3）如果页面的整体全部都是图片的时候，图版率就是100%；反之，如果页面全是文字，图版率就是0%。单支作品每个页面图版率要求有变化。

案例分析：整个 H5（图 3-9）视觉与文案的比例为 1∶1，整体画面以灰白＋局部彩色的水彩扁平风格，让画面与文案重心相当，互不干扰。由于手机屏幕的限制，一屏内出现一个主要元素最为舒适，更容易引导用户在体验中看到重点。画面排版过满，容易分散用户注意力而失去焦点。

该 H5 在故事几个关键节点处设置了操作按钮与用户进行互动，用户完成点击才能继续走下去，强调用户"我"的代入意识，加强身临其境的感受，让故事更加立体感。矢量扁平风格的插画和可复用背景，大大减少文件包大小，提升了加载速度。

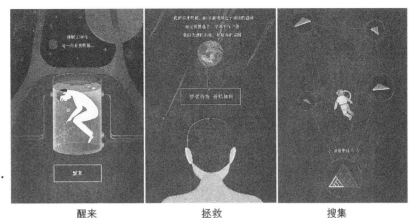

醒来　　　　　　拯救　　　　　　搜集

图 3-9 《发现平行宇宙之美》H5 界面

3.1.4 H5 产品的视觉气氛

良好的视觉气氛可以更好地引导用户理解你想表现的意图，每支 H5 的设计目的和内容气氛都不同，需要营造的视觉气氛也不一样，不同气氛会牵连不同元素。整个设计需要统一在完整的调性内，是理性规划与艺术创作的结合[①]。（图 3-10）

视觉气氛
（视觉气氛）

形式感
（打动用户的重要方法）

参与感
（H5设计的爆点）

图 3-10 H5 产品设计要素

在调性统一上，有 2 个需要特别注意的点：

（1）统一的背景：在统一的色调（图 3-11）和背景下，画面容易被记忆。（2）成套的色彩和元素：除非特殊需求，色彩的运用不建议过多，并应该遵守成套的原则。H5 的画面内经常会涉及图标、文字和各种元素，它们之间的特征也应被统一。通常我们会提前设计好所

---

① 苏杭 .H5+ 移动营销设计宝典 [M]. 北京：清华大学出版社，2017.

有的静帧画面，并统一色调、元素（图 3-12）和文字（图 3-13），即使页面数量并不多，但它仍然是一个小的视觉系统。

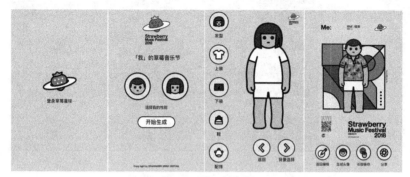

图 3-11 统一的色调

图 3-12 统一的元素

图 3-13 统一的标注

3.2 版式、字体、配色的选择

移动端市场改变了人们接受信息的方式，企业也愿意投放更多费用在新媒体产品方面。互联网时代的设计师，需要了解移动端用户的需求，懂得移动端产品的逻辑，掌握移动端产品的设计要素，才能创作出优秀的移动端产品[①]（图3-14）。

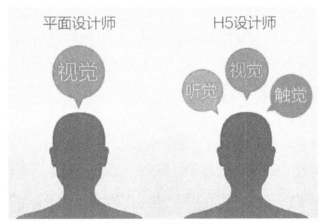

图 3-14 视觉设计师的发展

3.2.1 H5界面与静态平面设计版式的差异

1. 画幅尺寸差异

我们使用的智能手机屏幕目前主流的尺寸是5.5英寸（物理像素就是1920px×1080px，图3-15），而从考量便携性的方向来说，手机屏幕也不便更大。对比平面设计常规的单页A4纸（接近12英寸）来说，智能手机屏幕还不及A4纸的一半，更别说大喷绘和海报了，

① 苏杭.H5+移动营销设计宝典[M].北京：清华大学出版社，2017.

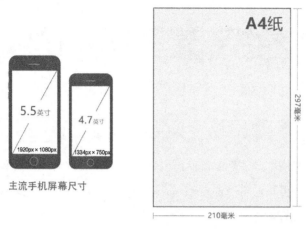

图 3-15　移动端界面与静态页面尺寸的差别

这会直接影响 H5 单屏画面的呈现方式，排版不能过于复杂，元素相对平面设计要精简，电子屏显示字体需要更大，采用的字体标号系统也完全不同等。

2. 阅读方式不同

不管是网页还是常规纸质媒介的设计实物，我们的阅读习惯基本上都会遵循从左及右的方式。因为手机屏幕尺寸的特性，H5 的画面常规阅读习惯却是从上及下的（图 3-16），并且内容带有动态性，会对视觉的牵引产生作用，这直接影响到了常规排版思路。所以，阅读方式的改变和动态元素的加入是它与平面设计的第二个不同点。

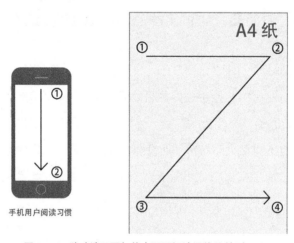

图 3-16　移动端界面与静态页面阅读视线的差别

3. 内容接收习惯不同

移动端的用户习惯和传统平面包括 Web 桌面端的用户习惯也不一样。传统阅读更倾向于深度阅读，而移动端阅读利用碎片化时间，是一种浅阅读模式（图3-17）。

图 3-17　移动端界面与静态页面阅读模式的差别

3.2.2 H5 文字设计

文字设计包括文字排版、文案设计、字体设计、具体描述等多方因素。字体应用得好，整个画风都会改变。跟杂志、海报、网页等媒介一样，H5 也是由文字和图片等基本元素构成的。字体排版极大程度地影响着整个 H5 作品的视觉效果，要特别引起关注。

在移动互联网时代，人们更习惯于碎片化的阅读方式，所以创作 H5 时要尽量避免过多文字的堆积。当内容无法删减，我们能做的就是通过工整的版式，让阅读者阅读起来更轻松。比如，通过断句、分行的方法，让文本段落看上去更优雅（图3-18）。

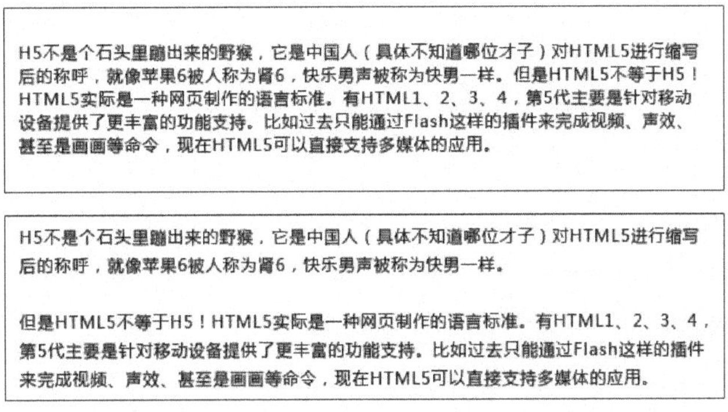

> H5不是个石头里蹦出来的野猴，它是中国人（具体不知道哪位才子）对HTML5进行缩写后的称呼，就像苹果6被人称为肾6，快乐男声被称为快男一样。但是HTML5不等于H5！HTML5实际是一种网页制作的语言标准。有HTML1、2、3、4，第5代主要是针对移动设备提供了更丰富的功能支持。比如过去只能通过Flash这样的插件来完成视频、声效、甚至是画画等命令，现在HTML5可以直接支持多媒体的应用。

> H5不是个石头里蹦出来的野猴，它是中国人（具体不知道哪位才子）对HTML5进行缩写后的称呼，就像苹果6被人称为肾6，快乐男声被称为快男一样。
>
> 但是HTML5不等于H5！HTML5实际是一种网页制作的语言标准。有HTML1、2、3、4，第5代主要是针对移动设备提供了更丰富的功能支持。比如过去只能通过Flash这样的插件来完成视频、声效、甚至是画画等命令，现在HTML5可以直接支持多媒体的应用。

图 3-18　排版格式

字体过大会显得粗糙，建议可选择带有衬线的字体，令文本质感更佳（图 3-19）。

普通的mugeda平台

有衬线的mugeda平台

图 3-19　无衬线字体和有衬线字体

在 H5 中除了标题类文本外，其他内容的字号更小一点，会显得更精致和更有品位一些，前提是足以辨认。木疙瘩编辑器中正文建议设为 18 号字体，1.5 倍行距（图 3-20）。

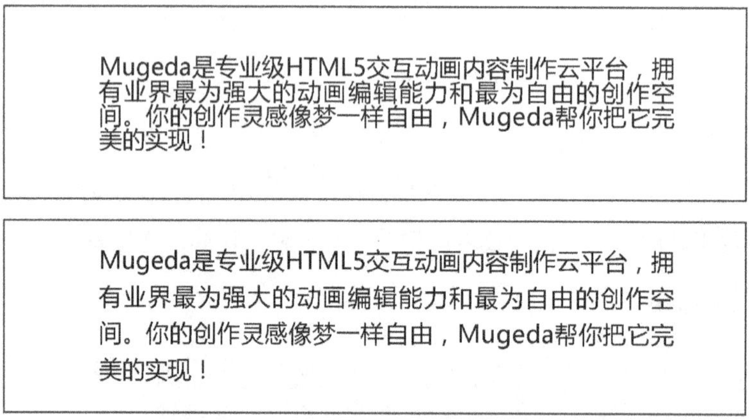

Mugeda是专业级HTML5交互动画内容制作云平台，拥有业界最为强大的动画编辑能力和最为自由的创作空间。你的创作灵感像梦一样自由，Mugeda帮你把它完美的实现！

Mugeda是专业级HTML5交互动画内容制作云平台，拥有业界最为强大的动画编辑能力和最为自由的创作空间。你的创作灵感像梦一样自由，Mugeda帮你把它完美的实现！

图 3-20　字号与行距

同一个 H5 内千万别用超过 3 种字体，字体风格要统一（图 3-21），别一会用卡通手绘字体，一会又用毛笔字体。

古典风、山水风、中国风的 H5 设计，主标题选择线条更流畅平滑的手写字体，更能贴合画面意境（图 3-22）。

图 3-21　字体风格　　　　　　　　　　　　图 3-22　中文手写体样式

用大字海报的形式来呈现信息，利用 H5 的图层关系让图文元素前后穿插，也会得到非常不错的排版效果（图 3-23）。

图 3-23　海报字体样式

字体大致分为三大类：印刷体、手写体和装饰体。我们常见的英文字体中的 Times、Times New Roma 和中文字体中的方正大标宋等字体等就属于有衬线字体，而像 Arial、helvetica、方正兰亭黑体、方正大黑体等就属于无衬线字体。

在选择 H5 字体时，有衬线字体的装饰性比较好，风格也相对强烈，但如果文字字号较小的话，会导致文字辨识度变低，影响阅读。因此，在做文字标题和一些单纯装饰性文字的时候，可以按照风格适当选择有衬线字体。但需要注意的是，在做文字标题的时候，因为内容较为

主要，则不建议使用一些太复杂的有衬线字体。（图 3-24）

图 3-24　界面字体样式示例

每一种字体，至少都有一种适合自己的最佳状态，这个状态包括字体的字号和消除锯齿的选项。其中，在 Photoshop CS6 之前的版本里消除锯齿选项一般分为无、锐利、犀利、浑厚、平滑，而在 CS6 之后，增加了 Window 和 Window LCD 两项，在最佳状态下是最清晰的，锯齿也是最少的。而在不合适的状态下，字体的外观与易读性也会受到一定的影响，可以通过对字体进行缩放找到最佳状态。

在文字排版时我们需要注意：

（1）文字周围不宜有过多的装饰，以免导致画面过于复杂，影响阅读。

（2）文字呈现位置不宜空间过于狭窄。

（3）文字与背景需有较强的对比度，否则易读性就会受到很大的影响。当文字过多或文字过小时，用户阅读文字觉得很困难，甚至会直接忽略掉文字。

请牢记如下 H5 文字排版宝典：

精炼的文字；

合理布局和优化文字排版方式；

舒适的行距间隔；

选用适合的字体；

处于最佳状态，平顺无锯齿的文字。

3.2.3 色彩的选择

在H5配色中，要符合用户碎片化阅读习惯和H5社交化传播特性，强化色彩的作用，一般要注意几个原则：

（1）对比（图3-25）：通过有效地使用对比，可以使你的内容更加清晰，从而让阅读变得轻松。好的对比，一般会采用色彩的两极，如白与黑、淡蓝与深蓝、高亮与低亮。

图3-25 字体对比样式

（2）界面中的明与暗：在一些情况下，你需要根据品牌或可用性来权衡UI的明暗。比如在iBook的应用中，当外界环境变得昏暗时，它会自动切换到暗色的阅读模式（图3-26）。

（3）明亮界面的配色原则：内容应该比背景明亮。通过亮度的对比，可以使你想突出的内容轮廓更加清晰易读（图3-27）。

不要过度使用颜色。颜色总是可以抓住人们的视线，但过度使用却会让人们忽视主体内容。因此，仅在需要进行突出提示的地方，如重要的按钮以及需要突出的状态时使用颜色。避免使用平均的白色，

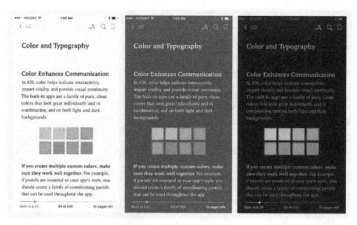

图 3-26　界面明度样式

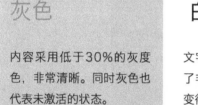

图 3-27　字体明度对比

90%~100% 的白色最为适中。

（4）暗色界面的配色原则：不要使用纯黑，那样很难看到细节，另外与白色的对比会显得过高。如果你必须使用黑色，那么请选择使用暗灰色作为替代，这样可以消除过高的对比度。当使用蓝色时避免同时使用同明度灰色，深蓝色与蓝色更相配（图 3-28）。

（5）颜色的含义（图 3-29）：颜色也有含义，应该合理地使用红色、绿色、蓝色和中性色，来分别表示界面和按钮不同的含义和内容。

（6）主色一般与整个品牌的颜色一致，在图标、按钮和菜单中都会有所使用。次色可以选择与主色色调一致的同色系色彩，也可以使用如对比色、邻近色等与主色存在反差的色彩。次色使用得比较少，仅用在需要引起用户注意的地方。对于背景色，它们用来衬托内容，也可以起到调和整个色调的作用。（图 3-30）

图 3-31 以色相环中的红色为基础进行的配色方案分析。采用不

图 3-28　界面色彩对比

图 3-29　界面中色彩意义对比

图 3-30　色彩的比例

同色调的同一色相时，称为"同一色相配色"，而采用两侧相近颜色时，称为"类似色相配色"，类似色是指在色相环中相邻的两种色相。同一色相配色与类似色相配色总体上会给人一种安静整齐的感觉，例如在鲜红色旁边使用了暗红色时，会给人一种较协调整齐的感觉。在色相环中位于红色对面的青绿色是红色的补色。补色的概念就是完全相反的颜色，在以红色为基准的色相环中，蓝紫色到黄绿色范围之间的颜色为红色的相反色相。"相反色相配色"是指搭配使用色相环中相距较远颜色的配色方案，这与同一色相配色或类似色相配色相比更具变化感。当主要基于相反或对比色相策划了一个配色方案时，获得的效果通常会比较华丽明艳，适合于比较欢快、夸张、戏剧化的H5作品。出色的色相配色方案可以凝造出整齐或冲突的氛围。适当地搭配好类似色相，可以获得整齐宁静的效果。

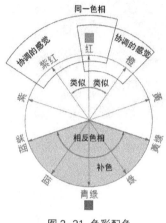

图 3-31 色彩配色

3.3 H5 的动效设计

1. 为什么需要设计动效？

动效大范围兴起，大概始于扁平化设计之后。扁平化设计的好处在于用户的注意力可以集中在界面的核心信息上，将对用户无效的设计元素去掉，不被设计打扰而分散注意力，使用体验更加纯粹自然。这个思路是对的，回归了产品设计的本质，给用户提供更好的使用体验，而不是提供更漂亮的界面设计。但是，过于扁平化的设计，也带来了新的问题：一些复杂层级关系该如何展现？用户如何被引导和吸引？这与用户在现实 3D 世界中的自然感受很不一致。所以 Google 推出了 Material Design 设计语言。

因为手机屏幕普遍较小，在内容承载上远远无法像大尺寸画面那样容易创造视觉冲击力。所以，我们需要借助动效来优化内容。一方面，多维度的信息需要动效串联，利用它的优势来提升内容表现力；另一方面，利用它在时间维度上的变化来让内容更有条理。

"任何动效的主要任务都是向用户阐释产品的逻辑。"任何动效其实都是为产品所服务的，它是要完成自己存在的使命的。所以动效的每一帧都得有它的道理，那样的动效设计才算是成功的，在动效设计中切忌为了炫而炫，为了动效而动效[1]。

好的动效应该是隐形的，好的动效应该是以提高可用性为前提，并且以令人觉得自然含蓄的方式提供用户有效反馈的一种机制。（图3-32）

---

[1] 克鲁格.点石成金访客至上的网页设计秘籍（Don't Make Me Think）[M].原书 2 版 .De Dream，译 . 北京：机械工业出版社，2006 .

图 3-32 要素的作用

（1）原型设计方案是为目标用户解决问题的，动效也如此。

（2）确保动效的每个元素都具有其背后的基本原因。（为什么是这样？为什么会是如此？为什么是这个时间点？）

（3）为了使产品有特色，努力模仿自然界的运动模式来创造自然的动效。

（4）在项目的任何阶段，都要随时与开发人员保持沟通。

2.动效的作用

动效对于产品设计的作用如下：

（1）传递层级信息；

（2）传递状态信息；

（3）使等待不枯燥；

（4）使变化不生硬；

（5）使反馈不单调；

（6）使体验有情感；

（7）使用户更愉悦；

（8）提示隐藏信息功能。

3.动效设计原则[①]

（1）材质：给用户展示界面元素是由什么构成的，轻盈的还是笨重的，死板的还是灵活的，平面的还是多维度的？你需要让用户对界面元素的交互模式有个基本的感觉。

（2）运动轨迹：你需要阐明运动的自然属性。一般原则显示没有

---

① 转自微信公众号，作者小呆，2017 年 H5 的五大发展方向.

生命的机械物体的运动轨迹通常都是直线，而有生命的物体拥有更为复杂和非直线性的运动轨迹。设计师要决定你的 UI 要给用户呈现什么样的印象，并且将这种属性赋予它。

（3）时间：在设计动效时，时间是极具争议的和十分重要的考虑因素之一。在现实世界中，物体并不遵守直线运动规则，因为它们需要时间来加速或者减速，使用曲线运动规则会让元素的移动变得更加自然。

（4）聚焦动效：要集中注意力于屏幕的某一特定区域。例如，闪烁的图标就会吸引用户的注意，用户会知道那有个提醒并去点击。这种动效常用于因有太多细节和元素而无法将特殊元素区别化的界面中。

（5）跟随和重叠：跟随是一个动作的终止部分。物体不会迅速地停止或者开始移动，每个运动都可以被拆解为每个部分按照各自速度移动的细小动作。例如，当你扔个球，在球出手后，你的手也依然在移动。

重叠意味着在第一个动作结束前第二个动作的开始，这样可以吸引用户的注意力，因为两个动作之间并没有一段静止期。

（6）次要动效：次要动效原则类似于跟随和重叠原则。简要地讲，主要动效可被次要动效伴随。次要动效使画面更加生动，但如果一不小心就会引起用户不必要的分神。

（7）缓入和缓出：缓入和缓出是动效设计的基础原则。虽然易于理解，但却常常容易被忽略。缓入和缓出原则是来自于现实世界中物体不可能立刻开始或者立刻停止运动的事实。任何物体都需要一定的时间用来加速或者减速。当你使用缓入和缓出原则来设计动效时，将会呈现出非常真实的运动模式。

（8）预期：预期原则适用于提示性视觉元素。在动效展现之前，我们给用户一点时间让他们预测一些要发生的事情。完成预期其中一种方法就是使用缓入原则。物体朝特定方向移动也可以给出预期视觉提示：例如，一叠卡片出现在屏幕上，你可以让这叠卡片最上面的一张倾斜，那么用户就可以推测出这些卡片可以移动。

（9）韵律：动效中的韵律，和音乐、舞蹈中的韵律有着同样的功

能，它使动效结构化。使用韵律可以使你的动效更加自然。（图 3-33）

4. 动效在 H5 中的一些实际运用

（1）加载（Loading）动效：当用户在等待产品打开时，会觉得时间“慢如蜗牛”。如果加载动效足够出彩，人的注意力会被吸引，自然会愿意付出时间来等待。所以，Loading 设计是提升作品品质的重要方法，如果你的作品需要长久加载，建议在 Loading 的设计上多花些心思。（图 3-33）

动效
位移
旋转
翻转
缩放
逐帧
淡入淡出
粒子效果
照片处理
3D

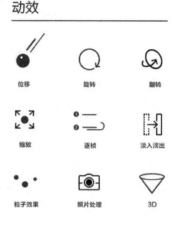

图 3-33　动效类型演示

案例分析：在 Readme 的登录页面上，当你输入密码时，上面萌萌的猫头鹰会遮住自己的眼睛，在输入密码的过程中给用户传递了安全感（图 3-34）。让这个阻挡用户直接体验产品的“墙”变得更有关怀感，用“卖萌”的形象来减少用户在登录时的负面情绪。

cardist@foxmail.com
Password
Login

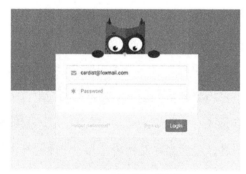

图 3-34　情感化的动效

案例分析：在 Betterment 的注册流程中，当用户输入完出生年、月、日后会在时间下面显示距离下次生日的天数（图 3-35），一个小小的关怀马上就让枯燥的注册流程有了惊喜。

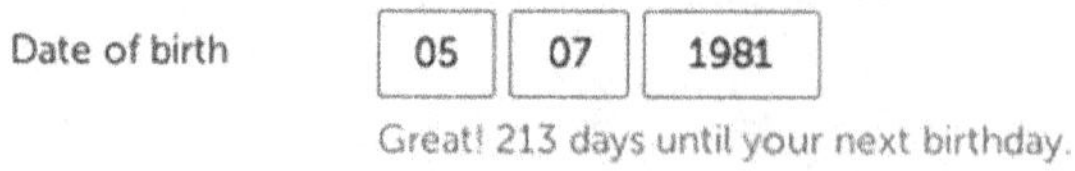

Date of birth
05
07
1981
Great! 213 days until your next birthday.

图 3-35　注册动效

（2）声效按钮的动效设计：H5 的音效开关同样需要动效来辅助，需要让每个点击都有反馈，要让用户清楚音乐开关状态。音乐按钮的设计，往往会先参考生活中真实音乐设备的特征，然后再结合 H5 的主题内容进行创造。按钮需要与画面达到统一，有时也会设计得比较夸张，而音效开关的动效往往只需 2 张开和关状态的分帧 PNG 格式的图片就可以解决了（图 3-36）。

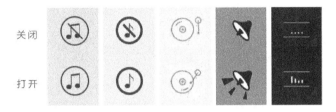

图 3-36　音效动效

（3）转场类动效：转场切换类动效有这样的特征——动效展示面积大，持续时间短，一般充当视觉过渡的线索。这类动效的目的是描述场景的过渡和空间变化，让用户认知自己当下所处的状态，让用户清楚场景是如何转变的。在设计转场动效时我们要注意以下几点：

①转场时间要快：对于翻页类 H5，我们习惯设置一个 0.5 秒左右的转场时间。如果转场太慢，在上一个页面的体验感很可能会因为转场太慢而被消耗掉，会出现"断篇"导致用户体验不流畅。

②引导过渡自然：转场过渡起到承上启下作用，用户一定要能看到并理解上一个页面如何消失，下一个页面如何出现，虽然只是一瞬间，也不能让观者困惑。就像是 iOS 系统在主界面与 APP 文件夹切换时就用到了"神器移动"的转场过渡，快速而且简练。

③转场动效形式要与内容相符：目前我们能实现的转场动效已经很多了，而采用哪种形式却要根据具体内容特征来确定；如果把握不好形式，那么中性的转场最为合适，也就是常规的 H5 翻页。目前常见的转场形式如图 3-37 所示。

5.动效设计中要注意的事项

（1）动效的发起与结束：好的动效设计就是一个视觉线索，不会让

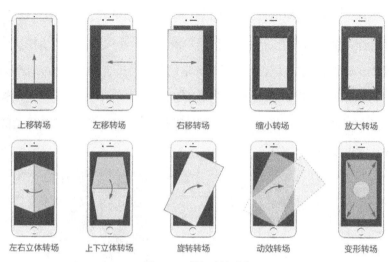

图 3-37 转场动效形式

你看到元素无规律地出现和消失。它能够让人清晰地理解动作发生的前后关系（图 3-38），元素是如何出现的，后来又是如何消失的，元素怎么从一个图形变成了另外一个图形，而理解这个过程是动效设计的关键点。

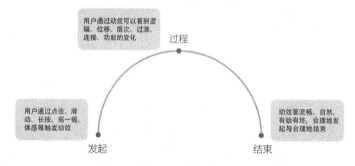

图 3-38 动效过程

（2）有交互的动效更有感染力：就像是两个人交谈，你每次抛出的观点，都能得到对方的反馈，往往有质量的聊天会持续很久。人的注意力因为有效的反馈而被牢牢抓住！这也是为什么游戏让人爱不释手，就像是"俄罗斯方块""贪吃蛇"这种消除类游戏，你每次操作的反馈都非常直接和清晰，即便内容非常简单。如果动效的发生都能通过用户的交互来实现，那么用户的注意力也将会被大大提升。

除了常规的点击和操作，用户的一切交互行为都应该有动效呼应（图 3-39）。当用户操作有相应反馈，不同动作可以激发不同响应

图 3-39 动效形式

时，用户也就更明白自己在做什么，其注意力也更容易集中。

（3）好的动效都有情感：情绪往往来源于人们对世界的不同感受。当我们把机器与现实世界相比较时，机器死板、僵化的硬伤就变得特别明显。就像是手机屏幕上的动态效果，如果只是为运动而运动，那么一切的设计就会毫无生气。而在动效设计上讲情感，就能激起用户更多现实世界的体验共鸣。

如果动效能让人联想到现实世界，那么它看上去会非常自然而舒适；如果它让人联想不到任何东西，这就意味着它没有任何情感，像是冰冷的机器。现实世界中所有运动都会受物理法则的影响，如汽车刹车时因为惯性人会突然前移，物体下落时因为加速度会越来越快，皮球打在地上因为材质和重力又会连续地反弹，而不同物体又因为质量和材质不同会呈现不同的运动方式……这种现实生活中常见的规律需要重新解读和分析，需要设计师通过提炼、概括重新植入动效中，而好的动效设计实际是在抽象现实世界的具体运动过程。

几乎所有的动效都可以在现实世界找到对应的运动参考，H5 中动效越细腻，设计出的内容就越能给人带来共鸣和舒适感，对于现实世界运动的思考和观察，有助于你更好地表达动效。而在技术领域，这种情感的思考被归纳成了缓动函数，它同样也是对惯性、加速度、重力、材质、环境等因素的归纳[1]。

---

[1] 阿里巴巴 1688 用户体验部 .U 一点·料：阿里巴巴 1688UED 体验设计践行之路 [M]. 北京：机械工业出版社，2014.

3.4　动画与视频的融合

随着 H5 产品创作越来越丰富，动画和视频的应用也越来越多样化。H5 的创作大有动画化和场景视频化的趋势，表现形式主要是全屏动画或图片轮播。

全屏动画有什么优势？把动态变换的场景占满手机整屏，配上与情节环环相扣的音效，让观众把所有的注意力放在内容上，叙事空间极大。一不留神，用户就掉进了创作者设计的故事里。动画在故事表达上有比较好的优势，可以一气呵成，在用户没来得及反应之前，通过简单的交互让用户完全代入故事里，伴随故事情节进入尾声，一屏广告静静地跃然屏幕。只要视频长度合理，H5 的体验不会轻易被中断，用户一般只需要盯着屏幕看，整个体验流畅而完整。同样，如果在网页缓存一连串的图片序列帧，连续播放，也能达到流动的视觉效果，同时还可以制造一系列个性化的用户体验。比如提前制作一些抠除部分图像的轮播图片，然后通过提取用户社交网站头像，把这些头像嵌入图片被抠除的部分，在 H5 中连续播放时用户会惊喜地发现自己也出现在了视频里。这样的生成效果，真实感极强，也很容易唤起用户的参与感。

传统的 H5 制作要想有绚烂的"特效"，就必须对交互进行多层次、多元素、多媒体的设计，成本高昂，而且对移动设备的软、硬件配置要求也相对较高。设计的元素和环节越多，越可能影响流畅性和用户体验。动画、视频的穿插设计弥补了 H5 技术上的不足，它包含的语言、画面、色彩、互动体验声效、模拟交互等都可以提前设计包装。用户虽然点击互动频次降低，但是互动的效果不差。在视频插入的前后保证 H5 原有的交互特性；在视频行进的过程中，依靠动作模拟，依然能够实现复杂的、炫丽的展现效果。

目前视频的呈现有垂直视频（就是能竖着移动设备观看的全屏视频），也有横屏视频（就是横着移动设备观看的全屏视频）。竖屏视频更是近期H5的一个主流方向，尤其是在移动端短视频、拍客、直播等火热的当下，视频"竖着拍竖着看"已成为影像呈现的新潮流。

案例分析：《欢乐麻将》是一部很有趣的泥塑定格动画H5（图3-40），黏土的质感是CG不可比拟的，所制作的形象也更生动有趣，贴近生活。该H5采用说唱是因为带动感很强，能很好地吸引大家的注意力。而这种形式又很容易被年轻人所接受，因为够潮、够有趣、有韵律感，朗朗上口。对于现在的受众来说，这种形式不会特别累、相对轻松，不需要完全听懂每一句。通过内容本身，新的呈现方式、交互方式、玩法等，表现出差异化的特点，也将定格动画形式通过H5产品进行广泛传播。

·扫描二维码欣赏案例·
（出品方：腾讯）

图3-40 《欢乐麻将》H5界面

案例分析：人民日报中央厨房及青创营工作室在2017年两会期间推出的首部闪卡H5《史上最牛团队这样创业》（图3-41），将中国共产党比喻成一个创业团队，把中国共产党的"创业史"以酷炫的快闪形式呈现出来，文字配上昂扬的背景音乐，快闪的页面伴随鼓声夺屏而出，在短短的一分多钟时间里，带领用户回顾历史、展望未来。这种"燃爆"的形式和节奏拉近了党媒与年轻网友的距离，短短几天产品曝光量超过3000万。该H5信息传播集纳了"碎片化""短视频""专业视角"以及高频图片，这种方式能缓解审美疲劳，带来强烈视觉冲击，将时事类政经资讯、严肃类政史信息进行焕然一新的呈现。

图 3-41 《史上最牛团队这样创业》H5 界面

案例分析：《雍正去哪了？》（图 3-42）是一款以模拟角色扮演的游戏类动画，以主人公"太监小盛子"寻找偷溜出宫的"雍正皇帝"为游戏线索。点击左右按钮控制人物移动，遇到不同的人要回答不同的问题，都是考验玩家对民间文化艺术知识的了解程度，最后引出对"中国守艺人"的活动宣传。通过推出这样一个活动，引起人们对传统工艺的重视，也让关注中国传统文化的人有一个详细了解活动的机会。

·扫描二维码欣赏案例·
（出品方：网易）

图 3-42 《雍正去哪了？》H5 界面

该 H5 中动画形式如下：

（1）GIF 动画：GIF 动画多用于辅助性动效（图 3-43），像是场景内的小道具、加载时的 Loading 导航条等，一些比较小的元素，通常

图 3-43 GIF 动画

会采用这种方法来设计。它的优点在于技术含量低，而且效果相对比较丰富；缺点是体积较大、失真率高，而且 GIF 动画是定型的，不可以进行操控。

·扫描二维码欣赏案例·
（出品方：大众点评）

（2）帧动画：逐帧动画的原理更类似影像的呈现原理，大家都知道常规的视频每秒是 24 帧，实际就是在 1 秒播放 24 张连续的图片，在不同的领域对图片的要求数量也不同，带有高速摄影的视频需要达到 48 帧 / 秒，一般的动画也要达到 14～18 帧 / 秒才能流畅地播放。而帧动画和 GIF 一样是一组图片，但不同点在于它的运动是由代码编辑

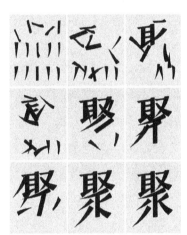

图 3-44 《我们之间就一个字》H5 界面

的，播放的快慢是可以用代码来操控的。（图 3-44）

帧动画的好处是，可以对动画进行快慢、停顿、播放等带有交互性的操作，很多 H5 复杂炫酷的主视觉，就是借助了帧动画来实现的。而其弊端在于：如果动画面积过大，或过于复杂，整个页面的体量可能会非常糟糕，会影响到加载和体验的流畅度。

（3）视频类动画：这类 H5 具有非常强的迷惑性，可以给人比较强烈的感染力。而大部分案例实际是视频套了一个 H5 的外壳，其弊端在于，在体验过程中是没有交互的，如果我们过滤掉 H5 的属性，

它就和你平时看的视频是一样的了，只不过这样的视频是专为手机屏幕设计的。（图 3-45）

·扫描二维码欣赏案例·
（出品方：腾讯）

图 3-45　腾讯新闻 H5 界面

（4）代码级动画：这部分动画主要是由前端工程师来实现的，设计师需要将演示原型（Demo）（或视频）和元素提供给前端工程师并协同他们完成最后效果。设计师虽不需写代码，但仍需要对实现方式有大致了解。动画设计时，当用户用手去操作时，如果能够使界面的动态走向更贴合手指运动，就能营造出更好的情绪体验。

H5 和代码有关的动效实现工具常见的几种，如图 3-46 所示。

图 3-46　动效实现工具

（5）全线性动画：全线性动画可以理解为动画连续，几乎不间断播放，像视频一样流畅细腻。

智能手机的操控种类繁多，如方向传感器、加速传感器、重力感应器、震动感应器、环境光感应器、距离感应器、GPS、摄像头、话筒、

VR/AR 等，它们都可以和动效结合从而带来更有情感的体验。目前已经有很多玩法被开发出来，比如多屏互动、屏幕指纹识别、利用话筒感应吹气、利用陀螺仪的全景等。

案例分析: 杜蕾斯这支 H5 利用双屏互动来区分情侣体验的差异化，借用经典爱情桥段来渲染产品功能的特性（图 3-47），在风趣幽默和多脚本构思的表现下，遇见爱也许能让你"爱上互动"！

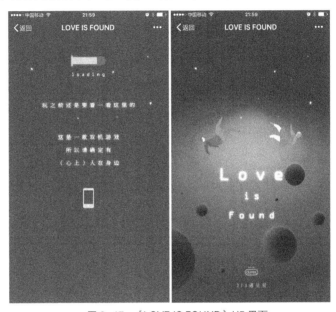

·扫描二维码欣赏案例·
（出品方：杜蕾斯）

图 3-47　《LOVE IS FOUND》H5 界面

3.5 H5 中音效的作用

声音是人体感官中很重要的组成部分，也应该是产品用户体验中的一个方面，但很容易被忽略。"音效"，顾名思义就是声音的效果，它需要利用听觉来达到增强体感、空间、场景、意境的目的。在 H5 产品中，恰当地使用音效可以大大强化用户感官体验。因为我们与交互设备没有直接的感官感知互动能力，因此音效和画面动态就成了我们与交互设备的沟通方式。在用户与产品交互过程中，每发生一个对用户有用的事件，就必须有音效反馈，只有这样用户体验上才会有强烈的对话感"哦，它是有生命的……"，这是产品的完整体验。好的音效能带给人：

符合用户预期；

表达明确且准确的意义和情绪；

良好的声效感官体验（悦耳度、声响、时长）。

而在音效设计中，有一个非常重要的概念，它来自视听蒙太奇，即"声画同步"，这是我们常用的表现手法。那么什么是声画同步？"声画同步"，指声音和画面应该具备照应关系，画面中的每一个动作都有一个音效作为照应，而这样的照应关系会让人有更强的参与感，会让内容变得更加生动。（图 3-48）

而除了"声画同步"，还有"声画不同步"的音效制作技巧，即"声画错位"。（图 3-49）

考虑到用户使用场景的多样性，那种介绍类的 H5 如果要加背景音乐，尽量不要太"粗暴"。有一点循序渐进最好，给用户预留时间

图 3-48 《第一届文物戏精大会》H5 界面

图 3-49 《总理报告话中有"画"》H5 界面

在打扰别人之前可以关闭（图 3-50）。或者可以在开始时是关闭状态。但做游戏 H5 页面的时候，音乐可以没有关闭与开启按钮，因为用户对接下来发生的事是有预知的。考虑每一页音乐按钮放置的明显性。如果能用其他页面元素去替代音乐符号作为按钮也是极好的。

　　为了加载速度，文件大小尽量控制在 100KB 以内最佳，可以用 Adobe Audition 等软件来压缩。作为无限循环的背景音乐，截取时一定

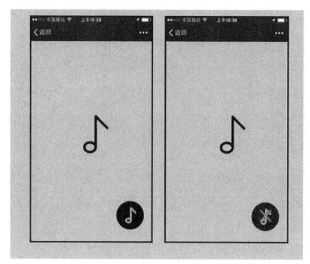

图 3-50　音效按钮设计

要注意头尾要连接得上。

　　H5 不仅是声音和画面的呈现，还有交互功能，比传统的媒介方式更为立体。如果不同的点击可以触发出不同的声效，加上设计得当，H5 画面将更有代入感。所以想做出好的 H5 产品，千万不能忽视声音的搭配，声音有时比画面更重要。配乐的前提是不能干扰画面。尽量不要用歌曲，选用纯音乐，因为歌词中有大量信息，听觉信息会干扰视觉。但也要视具体情况而选择（图 3-51）。

·扫描二维码欣赏案例·
（出品方：腾讯）

图 3-51　《这可能是地球上最美的 H5》H5 界面

作业要求

1.分析各种类别 H5 产品，了解优秀 H5 作品视觉类型与特点。

2.按标准尺寸设计一页 H5 页面，比较 H5 页面和静态平面版式的差别。

3.设计一个 H5 作品的 Loading 动效，时间在 1~2 秒，帧速度为 24 帧/秒。

4.了解 H5 作品中音效的作用，并举例分析"声画同步"和"声画不同步"的表现形式的差别。

5.扫描下面的二维码，分析该 H5 作品的视觉形式、动效表现与交互设计。

本章引言

　　本章将利用木疙瘩 H5 制作软件，设计一个具有基本动画和交互动画的宣传类 H5。

　　木疙瘩是专业级 HTML5 交互融媒体内容制作与管理平台，致力为新媒体、教育出版、广告宣传等行业提供完整的专业级 H5 融媒体内容解决方案。木疙瘩围绕"移动可视化、媒体融合、内容创新、用户互动"四个核心内涵，专业提供 H5 融媒体内容制作行业解决方案。

　　木疙瘩有类似 PowerPoint 的简约版（适合普通编辑）和类似 Flash 的专业版（适合美编设计师）。一个账号可同时登录两个版本，内容可互相编辑。木疙瘩可提供离线版，不需要网络也可以工作，连接网络时可自动同步，满足媒体在特定场景下的内容制作需求。

　　木疙瘩核心优势在于：

　　（1）不在作品的任何位置添加任何第三方 LOGO，保障媒体品牌传播。

　　（2）木疙瘩作品可以导出完整的 HTML 文件压缩包，并且可以部署到任何服务器上。

　　（3）木疙瘩支持图片、文字、图文混排、音频、视频、网页、数据图表、全景、动画等多种媒体形式。

（4）木疙瘩提供了 1000 多种无代码交互效果，可以简单地实现形式丰富的内容创意。

（5）木疙瘩提供了无代码数据库服务，可以无须编写代码实现点赞、计数、投票、抽奖、排行榜、表单等应用。

（6）木疙瘩提供了基于标准 JS 的 API 接口，程序员可无限扩充木疙瘩可实现的功能。

（7）木疙瘩内置了不同级别的权限、共享素材库、共享模板库、协同编辑等团队功能，极大地提高效率。

（8）木疙瘩提供私有化部署服务，可植入媒体已有的采编系统或内容管理系统（CMS）中，账号一键登录，数据存储在媒体指定的服务器上，成为媒体采编工作流的一部分，保障数据安全，简化流程，方便内容备案及存档。

本章重点和难点：基本动画与交互动画制作。

教学要求：熟悉木疙瘩制作平台基本工具的运用和 H5 的相关工作原理，掌握 H5 基本动画的制作，包括创建新作品、添加元素、添加动画、添加行为、使用元件、交互动画制作、添加新媒体等。

· 本章微教学 ·

4.1 构思以及设计

　　为某个项目进行一个宣传类 H5 创作，篇幅在 7~8 页。其中要包含项目整体介绍、具体文字信息、视频介绍、轮播图片、音效设置等功能，要求有基础动画和交互动画的形式，画面简洁、结构合理、体验流畅。

4.2 进入页面，新建作品

百度搜索"木疙瘩（Mugeda）"（图 4-1），进入官网。

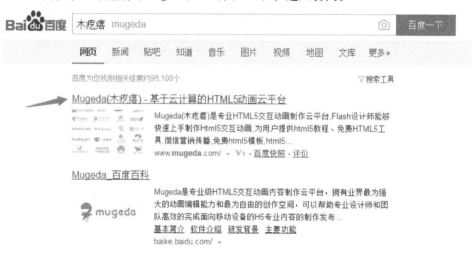

图 4-1 百度搜索

点击"注册"，注册一个新账号（图 4-2）。

图 4-2 注册新账号

点击"登录",进入管理中心界面(图4-3)。点击"创建作品",进入木疙瘩制作界面(图4-4)。

图4-3 管理中心界面

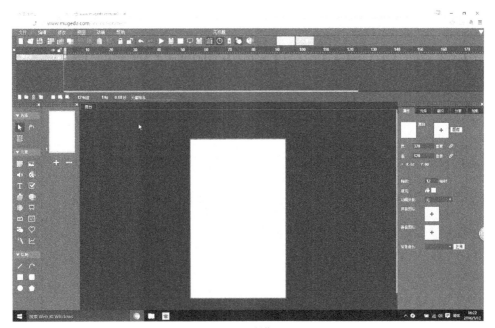

图4-4 制作界面

4.3 添加动画

4.3.1 添加元素

4.3.1 视频教程

选中图层0，点击元素框里的"媒体库"按钮，出现"媒体库"对话框，选中所需图片，点击"添加"按钮或双击所选图片，添加所需要的素材（图4-5）。

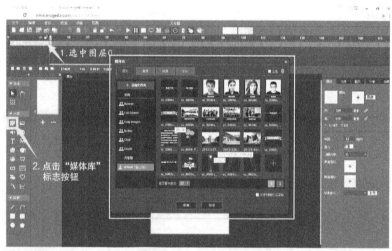

图 4-5 添加素材

点击 "+"，可上传本地文件或抓取网络素材（图4-6）。

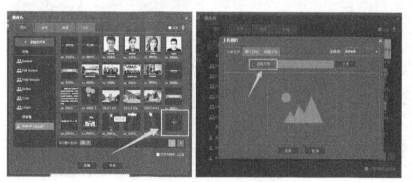

图 4-6 上传本地文件或抓取网络素材

108

点击"变形"图标，调整图片位置、大小（图4-7）。

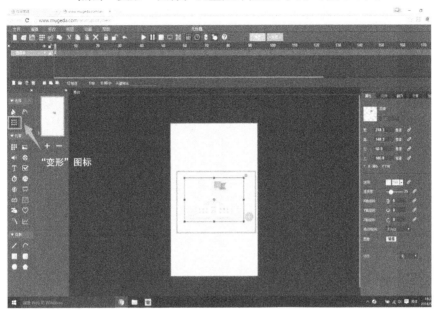

图 4-7　调整位置、大小

4.3.2 视频教程

4.3.2　修改各要素属性

在"舞台"属性工具栏内，修改舞台背景颜色（图4-8）。

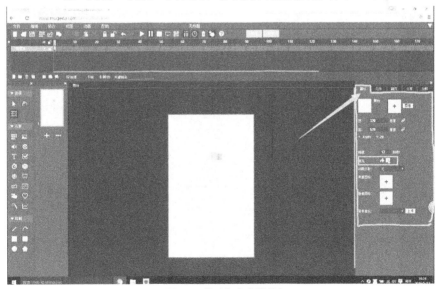

图 4-8　修改舞台背景颜色

重命名"图层0"的名字为"房子"，以提高编辑效率（图4-9）。

图 4-9 重命名图层

4.3.3 新建图层

4.3.3 视频教程

点击"新建"按钮，新建一个图层，即"图层1"（图4-10）。

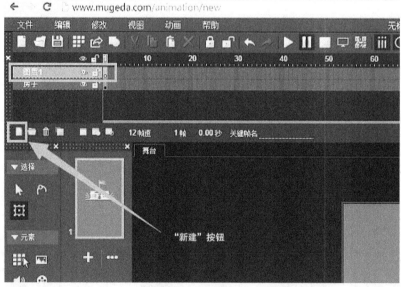

图 4-10 新建图层

点击"文字"图标，编辑文字（图4-11）。

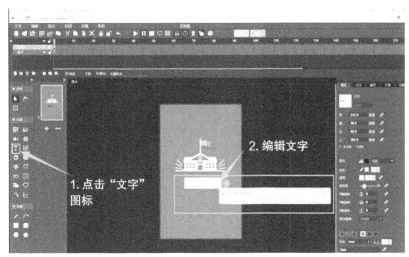

图4-11　编辑文字

在"文字"属性工具栏里调整字体、大小、颜色等文字属性　（图4-12）。

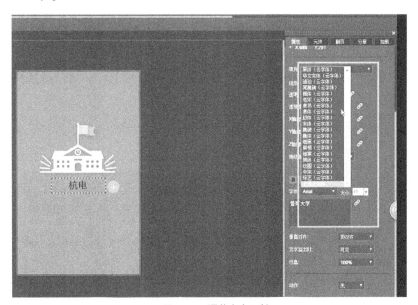

图4-12　调整文字属性

修改图层1的名称为"文字"。（注意：一个图层只放一个素材，并及时重命名图层。）

新建图层2，添加"按钮"图片素材（图4-13），修改图层2名称为"按钮"。

图 4-13　添加素材

同上，将云、鸟等其他素材放进舞台。提前新建"男博士""女博士"两个空白图层。

4.3.4　制作元件

4.3.4 视频教程

选中"鸟"，右击，选择"转换为元件"。将"鸟"转换为元件格式（图4-14）。

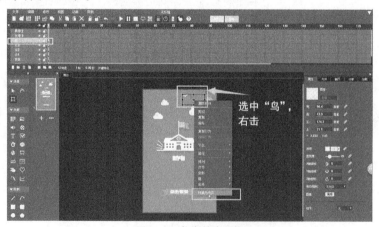

图 4-14　将鸟转为元件

修改元件名为"鸟",双击元件"鸟",进入元件"鸟"编辑界面(图4-15)。

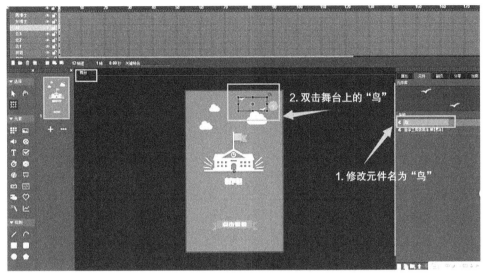

图 4-15　元件编辑界面

在图层 0 的时间轴上第 20 帧的位置单击,再右击,选择"插入帧"(图 4-16)。

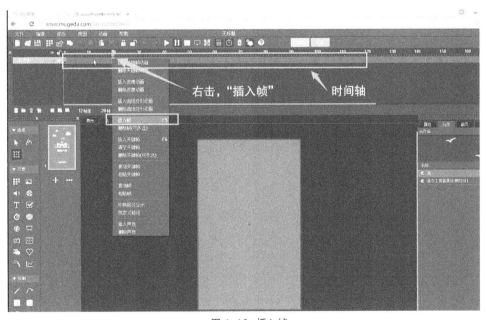

图 4-16　插入帧

在第10帧的位置单击，再右击，选择"插入关键帧动画"（图4-17）。

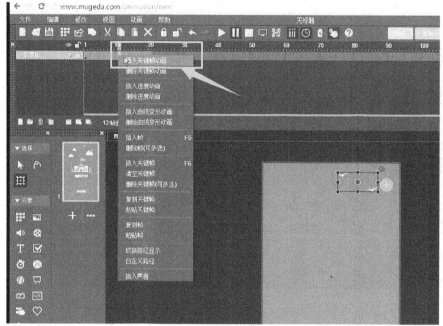

图4-17　插入关键帧动画

在第1帧的位置，接住鼠标左键并拖动改变"鸟"的位置，将其移至画面右下角（图4-18）。

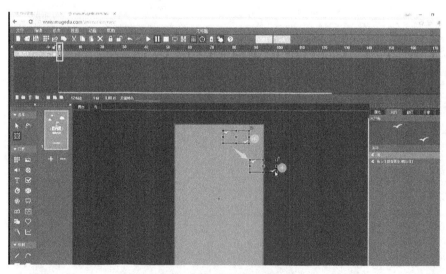

图4-18　首帧改变鸟的位置

在最后一帧（第20帧）的位置，按住鼠标左键并拖动该变鸟的位置，将其移至画面左上角（图4-19）。

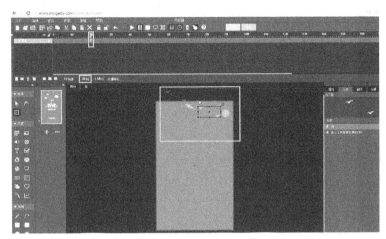

图4-19 尾帧改变鸟的位置

点击"播放"按钮（图4-20），可观察动画播放，即鸟从画面右下角（第一帧）飞向画面左上角（第20帧）。

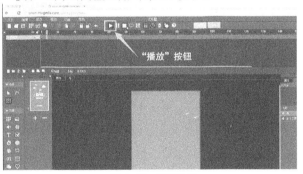

图4-20 播放动画

元件"鸟"的动画完成后，点击"舞台"，重回舞台编辑界面（图4-21）。

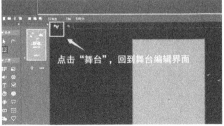

图4-21 返回舞台

点击"预览"按钮，观察预览效果（鸟在飞的动画）（图 4-22）。

图 4-22　预览效果

4.3.5　制作"男博士""女博士"动画

点击"新建元件"，新建元件 1，进入元件 1 编辑界面（图 4-23）。

4.3.5 视频教程

图 4-23　新建元件

修改元件 1 名称为"男博士"。双击"男博士"，进入"男博士"

元件编辑界面（图 4-24）。

图 4-24　重命名元件

添加"男博士身体"素材（图4-25）。

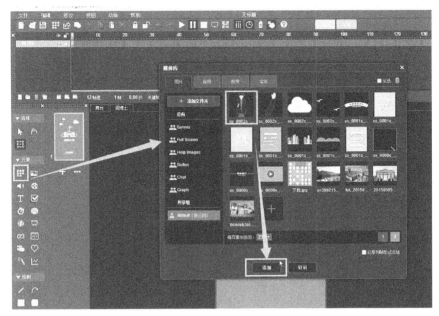

图4-25 添加"男博士身体"素材

新建"男博士的手"图层，添加"男博士的手"素材，将其拖至合适位置（图4-26）。

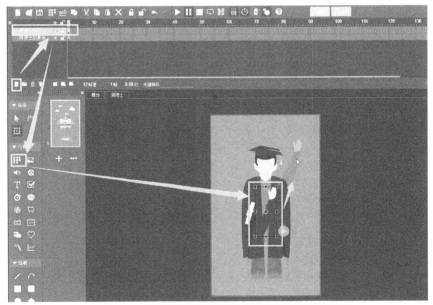

图4-26 添加并拖放"男博士的手"素材至合适位置

按住鼠标左键不放并拖动，选中两个图层的第 20 帧，右击，选择"插入帧"（图 4-27）。

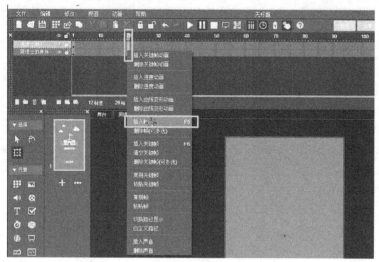

图 4-27 插入帧

选择"男博士的手"图层第 10 帧，右击，选择"插入关键帧动画"。

点击"男博士的手"图层第 10 帧的位置，按住 Ctrl 键并按住鼠标，左键拖动绿色圆点至图像左下角（即男博士肩膀处），改变图像旋转中心位置（图 4-28）。（注意：只有选中变形工具，图像才会出现旋转中心的绿色圆点）。

图 4-28 改变图像旋转中心位置

在中间关键帧位置，调整手臂挥动角度（图 4-29）。

图 4-29 调整手臂挥动角度

点击"播放"按钮，观察手臂挥动的动画效果。

回到舞台界面，选中"男博士"图层，按住鼠标左键，将"男博士"元件直接拖至舞台（图 4-30）。

图 4-30 将"男博士"元件拖至舞台

调整"男博士"元件的大小、位置等。点击"预览"，观察最终动画效果。

以相同的方法制作出"女博士"动画：在元件属性栏内新建元件，重命名为"女博士"，双击进入"女博士"元件编辑界面。新建三个图层，分别将女博士的身体、左手、右手放进对应的图层，调整元件的大小、位置等（图 4-31）。

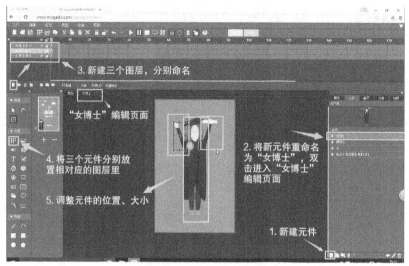

图 4-31 导入女博士素材

选中三个图层的第 20 帧，右击，选择"插入帧"。

选中"女博士左手""女博士右手"两个图层的第 10 帧，右击，选择"插入关键帧动画"。

选中"女博士右手"图层的第 10 帧，按住 Ctrl 键并按住鼠标左键，将绿圆点移至图像右下角，即女博士右肩膀处（图 4-32）。

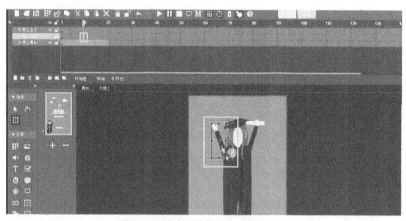

图 4-32 改变图像旋转中心位置

转动右手臂，调整右手臂的旋转角度。

选中"女博士左手"图层的第10帧，右击，选择"插入关键帧"。将女博士的左手向下缩短点（图4-33）。

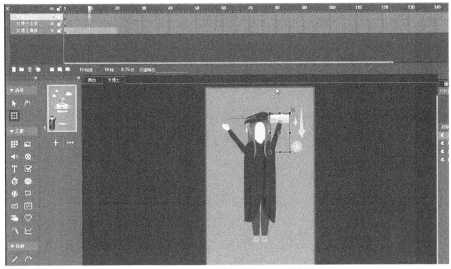

图4-33　向下缩短女博士的左手

点击回到舞台，选中"女博士"图层，将"女博士"元件直接拖至舞台并调整位置、大小等。点击"预览"按钮，观察动画效果（图4-34）。

图4-34　将"女博士"元件拖至舞台

4.3.6 制作进入动画

4.3.6 视频教程

在第 4 秒（第 49 帧）位置上选中所有图层，右击，选择"插入帧"（图 4-35）。

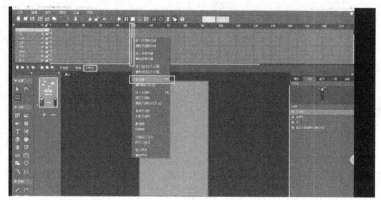

图 4-35 插入帧

选中"按钮"图层第 1 帧的黑点，按住鼠标左键不放，将其拖至第 10 帧，使"按钮"图层在第 10 帧的时间出现（图 4-36）。

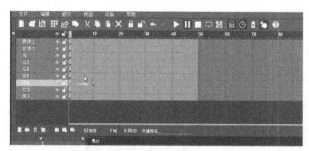

图 4-36 设置"按钮"图层出现时间

继续调整其他素材的出现时间（图 4-37）："云 1"第 12 帧、"云 2"第 14 帧、"云 3"第 16 帧，"男博士""女博士"第 21 帧。点击"预览"，可观察图像不同时间出现的动画效果。

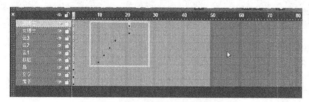

图 4-37 设置其他素材出现时间

同时选中"文字""房子"图层的任意一帧，右击，选择"插入关键帧动画"（图 4-38）。

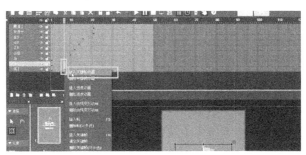

图 4-38　插入关键帧动画

用鼠标左键分别按住两个图层上的红点，都拖至第10帧（图 4-39）。

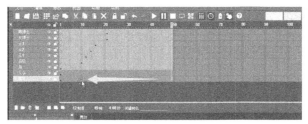

图 4-39　改变文字或房子出现时间

选中"文字"出现的第1帧，按住鼠标左键不放，将舞台上的文字向上拖至舞台之外。制作出"杭电"文字是从上往下掉出来的动画效果（图 4-40）。

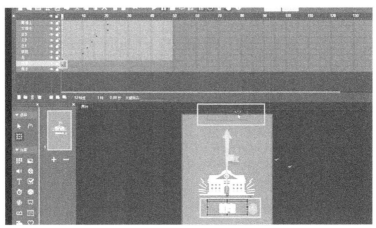

图 4-40　设置文字动画效果

选中"房子"出现的第 1 帧，改变其出现时的"X 轴旋转"角度为 90°。制作出"房子"图像是绕 X 轴旋转 90° 的形式出现的动画效果（图 4-41）。

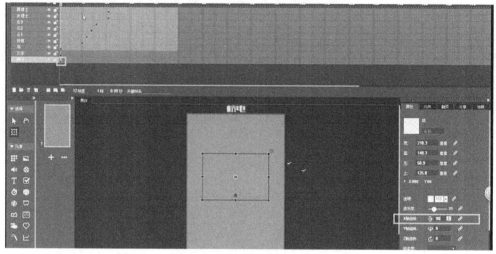

图 4-41　制作房子的旋转效果

同理，改变其他元素的进入动画。

预览第一页最终的动画效果。

4.4 添加交互

4.4.1 添加新素材

点击"添加"按钮，添加新页面。点击进入新页面的编辑舞台（图4-42）。

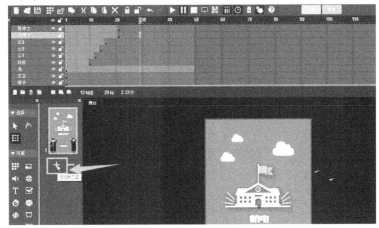

图4-42 添加新页面

依次新建图层，分别添加相应的素材。

继续添加房子、树木、四张引导图片等素材（图4-43）。

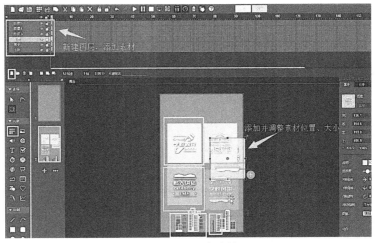

图4-43 添加素材

调整每个引导图片的长、宽，使其大小一致（图4-44）。

图4-44 调整图片尺寸

重命名各个图层，添加"SCHOOL"图像等其他相应的素材。

4.4.2 转换元件，制作动画

选中"小树"，右击，选择"转换为元件"（图4-45），将小树
转换为元件格式。双击"小树"进入元件1的编辑界面。

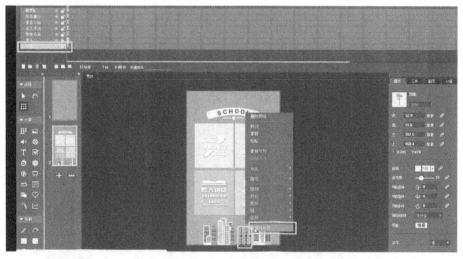

图4-45 将"小树"转换为元件

选中图层 0 的第 20 帧，右击，选择"插入帧"（图 4-46）。

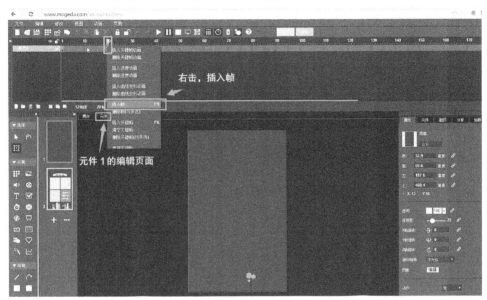

图 4-46 插入帧

鼠标选中第 1 至第 20 帧内的任意一帧，右击，选择"插入关键帧动画"。

鼠标选中图层 0 的第 10 帧，按住 Ctrl 键并按住鼠标左键，将小树中心的绿色圆点即旋转中心拖至"小树"底端（图 4-47）。

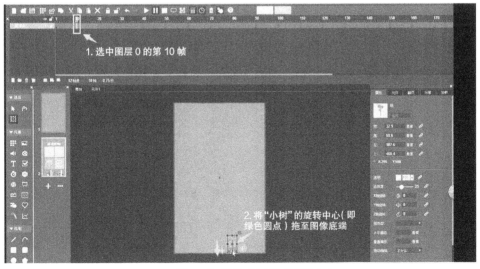

图 4-47 改变"小树"的旋转中心

拉动图像右上角的小圆点，将其向左边拉偏点角度。点击"播放"，观察动画效果（小树左右摇摆）。

注意将所有时间帧的"小树"移至画面中心（图 4-48）。

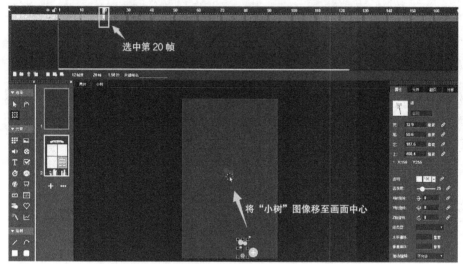

图 4-48　将所有时间帧的"小树"移至画面中心

为防止三次移动的位置有偏离，选中第 1 帧，右击，选择"复制关键帧"。选中第 20 帧，右击，选择"粘贴关键帧"。即第 1 帧和第 20 帧的关键帧一样，图像位置也一样。

点击"舞台"返回舞台界面，将元件模块里的元件 1 重命名为"小树"（图 4-49）。

图 4-49　重命名元件

在"小树"图层里，将元件模块里的"小树"元件直接拖至舞台，重复拖动获得多棵小树（图 4-50）。

图 4-50 将"小树"拖至舞台并复制拖动

4.4.3 制作出现、进入动画

4.4.3 视频教程

按住鼠标左键并拖动鼠标以选中所有图层的第 17 帧，右击，选择"插入帧"（图 4-51）。

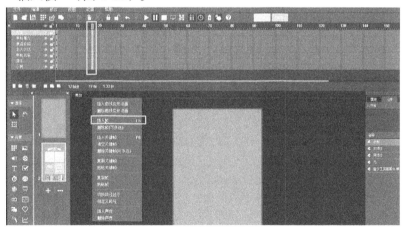

图 4-51 插入帧

拖动"文字"图层的黑色小点至第 9 帧，改变文字"SCHOOL"的出现时间。

选中"房子"和"小树"图层的某一帧，右击，选择"插入关键帧动画"。

移动两个图层的红点，改变动画效果的出现时间（图 4-52）。

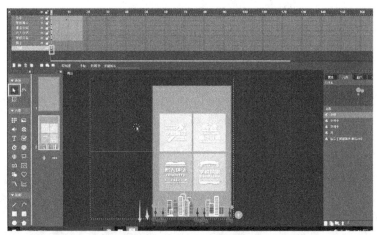

图 4-52　改变动画出现时间

选中"小树"图层的第 1 帧，用"选择"工具将舞台上的"小树"向下移出画面，制作出小树向上出来的效果（图 4-53）。

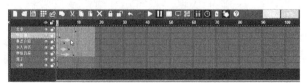

图 4-53　制作小树动效

同理，选中"房子"图层的第 1 帧，将舞台上的房子向下移至画面外，制作出房子向上出来的效果。

拖拽移动其他图层第 1 帧的黑点，改变各图像的出现时间（图 4-54）。

图 4-54　改变各图像出现时间

全部选中其他图层的某一帧，右击，选择"插入关键帧动画"（图4-55）。

图 4-55　插入关键帧动画

分别移动各图层的红点，改变动画效果的出现时间（图 4-56）。

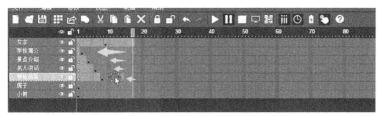

图 4-56　改变动画出现时间

分别改变各图像的出现效果。选中"学校简介"出现的第 1 帧，即时间轴上的第 2 帧，将"Y 轴旋转"改为 90°，即"学校简介"图像将在图层第 2 帧以 Y 轴旋转 90° 的形式出现（图 4-57）。

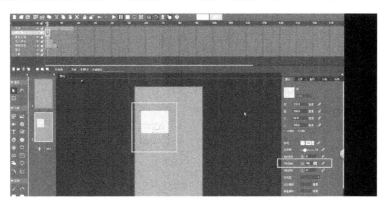

图 4-57　制作学校简介旋转效果

同理，调整"景点介绍""名人讲话""学校风采"图层的出现效果。

同理，在文字图层制作"文字"图像的出现、进入效果。

4.4.4 制作跳转页面动画

添加"跳转到页"行为：点击选中第一页面，用"选择"工具点击"点击看看"按钮右边的橙色"+"标志，弹出"编辑行为"对话框（图 4-58，图 4-59）。在该对话框中可以选择以下两种方式：

图 4-58 选择编辑行为按钮

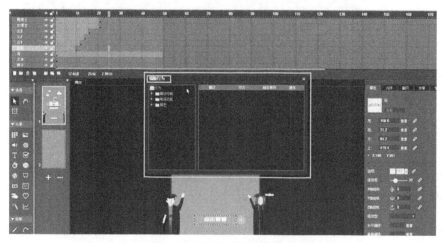

图 4-59 "编辑行为"对话框

第一种跳转方法：播放控制→下一页（图4-60）。

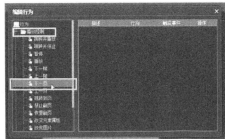

图 4-60 设置行为跳转到下一页

第二种跳转方法：播放控制→跳转到页（图4-61）。

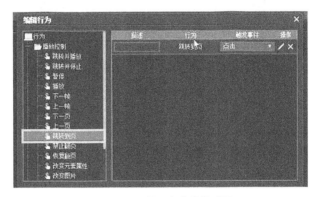

图 4-61 设置行为跳转到页

点击"编辑"标志，跳出"参数"对话框。改页号为"2"，其余参数不变，点击"确定"（图4-62）。

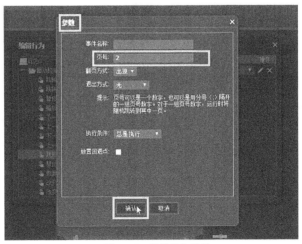

图 4-62 编辑行为参数

133

观察舞台的"点击看看"按钮，可看到右边橙色"+"标志变成绿色的翻页符号（图 4-63）。

图 4-63　编辑行为按钮变为绿色翻页标志

点击"预览"观察动画，点击"点击看看"，页面跳转至第二页。

添加"禁止翻页"行为：在任意第 1 帧有物体的图层里，选中第 1 帧，例如选中"鸟"图层的第 1 帧，用"选择"工具点击舞台中鸟的橙色"+"标志（图 4-64），弹出"编辑行为"对话框。

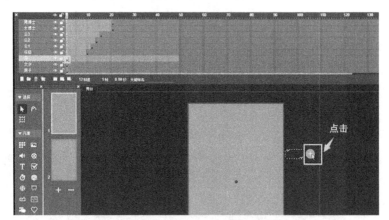

图 4-64　选择"鸟"的编辑行为按钮

点击选择"禁止翻页"（图4-65）。

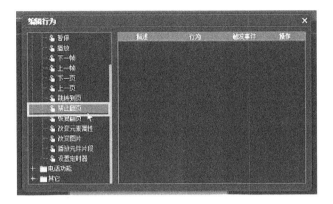

图4-65 设置禁止翻页

更改"触发事件"为"出现"（图4-66）。

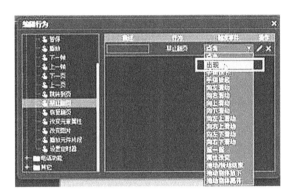

图4-66 更改触发事件

预览效果，可发现已不能滑动翻页。

4.4.5　保存

点击"保存"图标，输入保存文件名，点击"保存"（图4-67）。

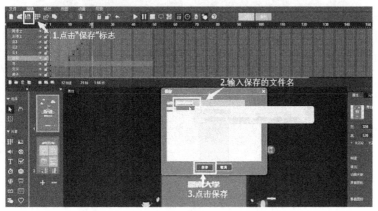

图 4-67　保存文件

也可点击"编辑地址"，进入编辑界面。

4.5 添加多媒体内容

4.5.1 制作第3页面（学校简介）

4.5.1 视频教程

添加新页面：点击"添加新页面"，新建页面。

在第3页面，新建图层1（图4-68）。

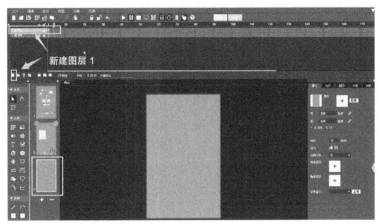

图 4-68 新建图层

复制粘贴帧：在第2页面，按住鼠标左键并拖动选中"房子""小树"两个图层的所有帧，右击，选择"复制帧"（图4-69）。

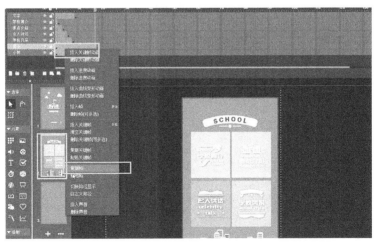

图 4-69 复制"房子"和"小树"的动画

回到第 3 页面，选中图层 1 第 2 帧，右击，选择"粘贴帧"。即将第 2 页面的"房子""小树"粘贴到第 3 页面（图 4-70）。

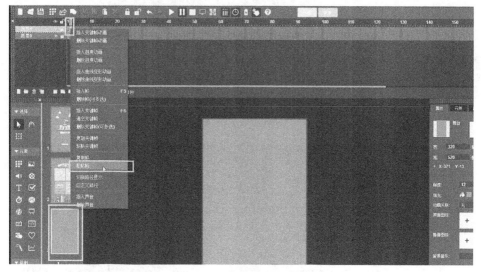

图 4-70 粘贴"房子"和"小树"的动画

删除空白帧：选中两个图层的第 1 帧，即空白帧，右击，选择"删除帧（可多选）"（图 4-71）。

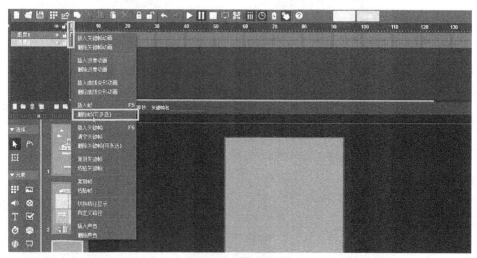

图 4-71 删除空白帧

分别为两个图层重命名为"小树""房子"。

复制页面：点击"复制页面"图标，复制多个第3页面为第4、5、6页面（图4-72）。

图4-72 复制页面

4.5.2 视频教程

4.5.2 添加第3页面素材

返回第3页面，新建图层，添加各种素材（注意：一个图层添加一个素材）。如在图层2添加"学校简介"图像（图4-73）。

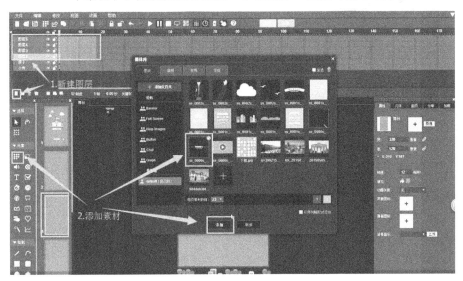

图4-73 分图层添加素材

在图层3内，选择"绘制"工具栏→"矩形"工具，在舞台上绘制出一个矩形（图4-74）。

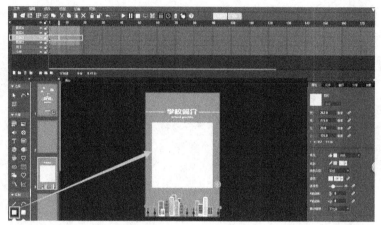

图 4-74　绘制矩形

无颜色填充：点击属性栏内的颜色"填充"工具，点击颜色框左上角的"无颜色填充"按钮（图4-75）。

图 4-75　无颜色填充

继续改变矩形的线条属性：线条粗细度为3,颜色为白色(图4-76)。

图 4-76　改变矩形的线条属性

将图层 2、图层 3 分别命名为"学校简介文字""外框"。

在图层4添加"返回按钮"素材，并将图层4重命名为"返回按钮"
（图4-77）。

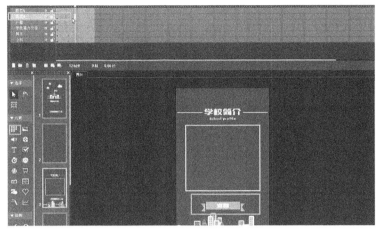

图4-77 添加"返回按钮"并重命名图层

4.5.3 视频教程

4.5.3 "文字"工具的使用

选择图层5，点击"文字"工具，在舞台上拖动改变文本框大小，
使其与矩形差不多大（图4-78）。

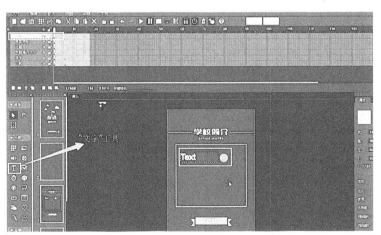

图4-78 添加文本框

在文字属性栏内改变文本框属性：字体为白色，外框线条为透明（图 4-79）。

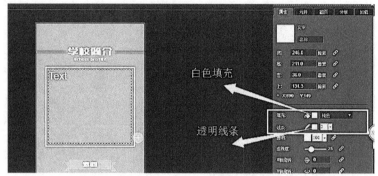

图 4-79　改变文本框属性（1）

继续在文字属性栏内改变字体属性：字体为黑体，大小为 12（图 4-80）。

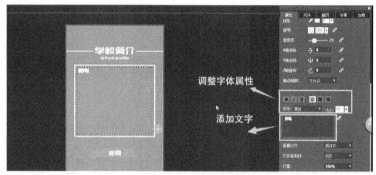

图 4-80　改变文本框属性（2）

改变字体大小为 15，发现文字内容超出文本框。调整方法：属性栏→文字溢出时→自动滚动（显示滚动条）（图 4-81）。

图 4-81　设置文字外溢时的属性

4.5.4　添加跳转页面动画

4.5.4 视频教程

选择第2页面，用"选择"工具点击"学校简介"图像的橙色"+"按钮（图4-82），弹出"编辑行为"对话框。

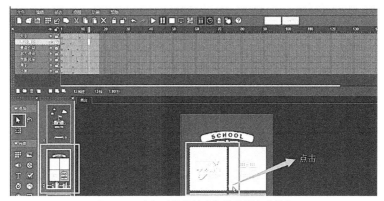

图4-82　选择"学校简介"的编辑行为按钮

选择编辑行为按钮，选中播放控制下的跳转到页，选择右侧的"编辑"按钮，在参数处将页数设置为"3"，点击确定。（图4-83）。

图4-83　设置行为

点击"预览"，观察文字滚动条效果。

"返回按钮"的跳转到页：点击第3页面的"返回按钮"橙色"+"
按钮（图4-84），出现"编辑行为"对话框。

图 4-84 选择"返回按钮"的编辑行为按钮

选择编辑行为按钮，选中播放控制下的跳转到页，选择右侧的"编
辑"按钮，在参数处将页数设置为"2"，点击确定（图4-85）。

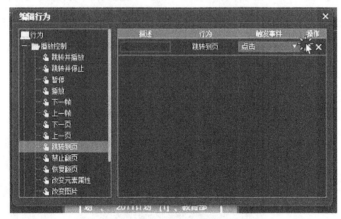

图 4-85 设置跳转行为

4.5.5 制作出现、进入动画

在"学校简介文字"图层，右击，选择"插入关键帧"。

4.5.5 视频教程

移动黑点至第3帧、红点至第8帧，改变图像出现时间。点击选中"学校简介文字"图像出现的第一帧，即图层第3帧，将舞台中的"学校简介文字"向上移出画面之外，制作出向下出现的动画效果（图4-86）。

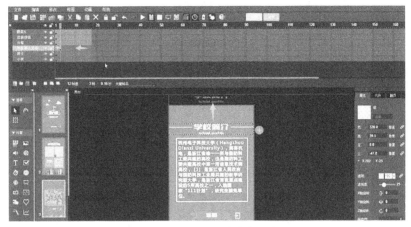

图4-86　制作学校简介文字的动画

插入进度动画：在"外框"图层选中某一帧，右击，选择"插入进度动画"（图4-87）。

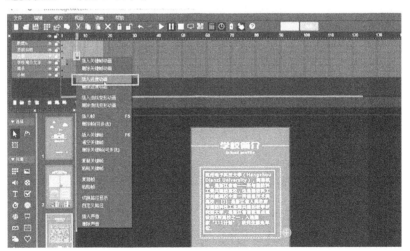

图4-87　插入进度动画

"外框"图层的时间轴变成紫红色（图 4-88）。

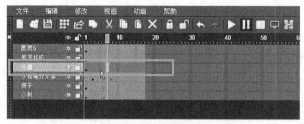

图 4-88 插入进度动画后图层时间轴变为紫红色

同理，在图层 5（即文字图层）中插入进度动画。

添加帧：选中所有图层的第 33 帧，右击，选择"插入帧"。

制作"返回按钮"图像进入动画（图 4-89）。

图 4-89 制作"返回按钮"进入动画

点击"预览"，检查第 3 页面的动画效果。

4.5.6 制作第 4 页面动画（景点介绍）

4.5.6 视频教程

添加图像素材：选中第 4 页面，新建 4 个图层，在图层 2 上添加"景点介绍"文字素材，并调整好其在舞台的位置（图4-90）。

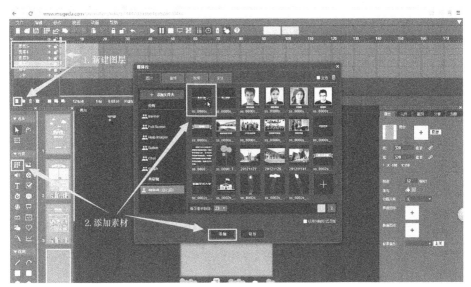

图4-90 添加图像素材

添加视频素材方法一：在图层3上添加视频素材。"媒体库"→"视频"→相应视频素材→"添加"（图4-91）。调整视频素材在舞台上的大小、位置。

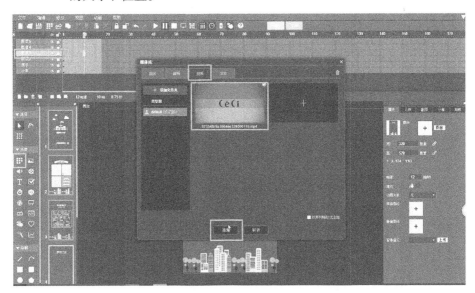

图4-91 从媒体库添加视频素材

添加视频素材方法二：点击"视频"工具（图 4-92），跳出"导入视频"对话框。

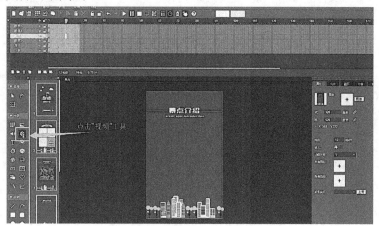

图 4-92　用视频工具添加视频素材

在"导入视频"对话框的输入网址栏中粘贴腾讯、搜狐、优酷视频分享的通用链接，点击"预览"按钮进行预览，确认无误后点击确定（图 4-93）。

图 4-93　用视频工具添加视频素材方法

调整视频属性：点击舞台上的"视频"，在属性栏内调整播放属性，将"隐藏控件"改为"是"（图 4-94）。

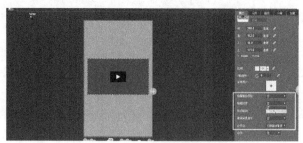

图 4-94　调整视频属性

添加视频背景图片：点击"背景图片"的"+"按钮，跳出"媒体库"对话框，选择合适的图片，点击"添加"（图4-95）。

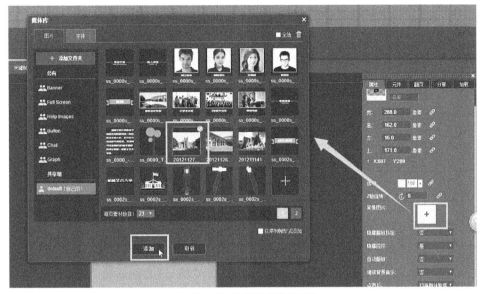

图4-95　添加视频背景图片

制作跳转到页动画：在第2页面，点击"景点介绍"的橙色"+"按钮（图4-96）。

图4-96　选择"景点介绍"的编辑行为按钮

编辑行为→播放控制→跳转到页→"编辑"按钮→"参数"→页号为 4→"确认"（图 4-97）。

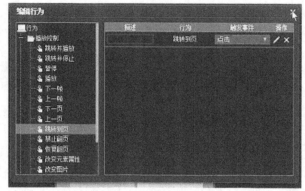

图 4-97　设置跳转到页的行为

复制帧：在第 3 页面选中"返回按钮"图层全部帧，右击，选择"复制帧"（图 4-98）。

图 4-98　复制"返回按钮"动画

删除图层：回到第 4 页面，选中图层 4→点击"删除"按钮→在弹出的对话框内点击"确定"（图 4-99）。

图 4-99　删除图层

删除帧：选中图层5上所有帧，右击，选择"删除帧（可多选）"，再点击图层5第2帧，右击，选择"粘贴帧"（图4-100）。

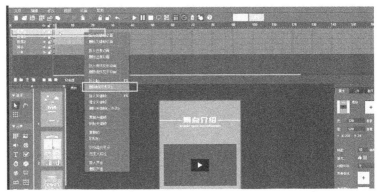

图4-100 粘贴"返回按钮"动画

选中图层5第2空白帧，右击，选择"删除帧（可多选）"。

制作各图像的出现、进入动画并调整时间长度。

重命名各图层：将图层5、3、2分别重命名为"返回按钮""视频""文字"。

选中"返回按钮"图层第17帧后的所有多出帧，右击，选择"删除帧（可多选）"。

点击"预览"，观看第4页面的动画效果。

4.5.7 制作第 5 页面动画（名人讲话）

4.5.7 视频教程

制作跳转到页动画：在第 2 页面，点击"名人讲话"图像的橙色"+"按钮，将其设置为跳转到第 5 页（图 4-101）。

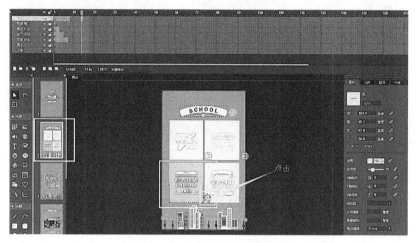

图 4-101　设置"名人讲话"跳转动画

点击第 5 页面，进入第 5 页面编辑舞台。

新建图层 2，分别添加四个音频（图 4-102）。

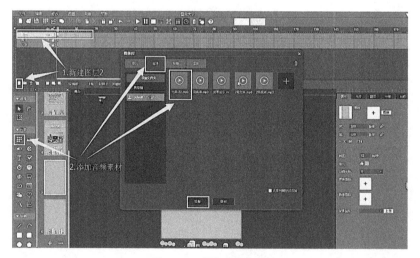

图 4-102　添加音频文件

命名声音素材：分别点击舞台上的每一个音频，在属性栏里为其命名为"声音1""声音2""声音3""声音4"（图4-103）。

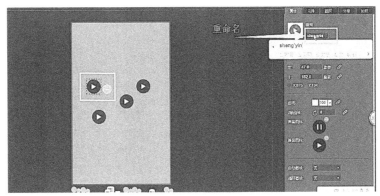

图 4-103 命名声音素材

将四个声音都移至舞台外（图4-104）。

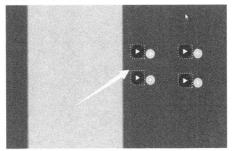

图 4-104 将声音图标移至舞台外

将图层2重命名为"声音"。

新建图层3，将"名人讲话"文字素材添加进舞台。

制作"名人讲话"文字素材的出现进入动画（图4-105）。

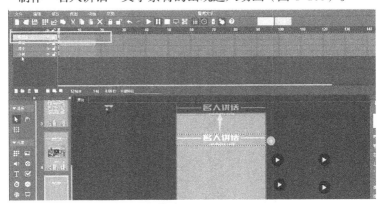

图 4-105 制作"名人讲话"文字动画

将图层3重命名为"文字"，新建图层4重命名为"照片"。

在"照片"图层上分别添加四张人物图像，并在舞台上调整好其位置、大小（图4-106）。

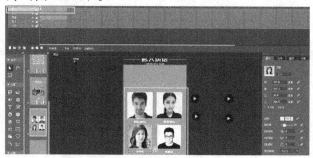

图4-106 添加人物图像

添加"控制声音"功能：点击第一张人物图像的橙色"+"按钮（图4-107）。

图4-107 选择人物图像编辑行为按钮

编辑行为→"控制声音"。

点击"编辑"标志，修改参数：音频名称为"声音1"，控制方式为"播放"（图4-108）。

图4-108 设置"控制声音"行为

依此为第二个人物图像添加"控制声音"功能。

"复制行为"：光标移动到第一个图像上，右击，选择"复制行为"（图4-109）。

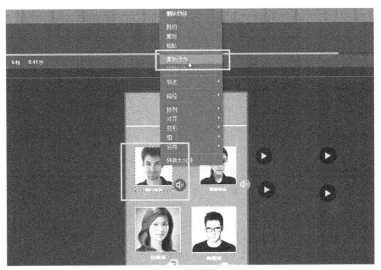

图4-109 复制行为

选中第三个图像，右击，选择"粘贴行为"（图4-110）。

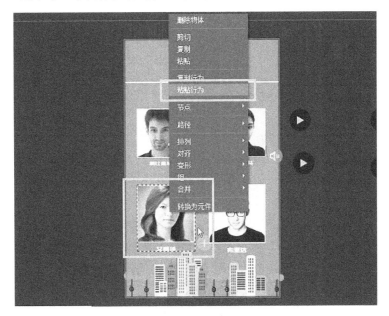

图4-110 粘贴行为

点击第三个图像的绿色"编辑行为"按钮，进入"编辑行为"对话框，点击"编辑"按钮（图4-111）。

图 4-111　更改行为属性

修改参数，将"音频名称"改为"声音3"

同理，选中第四个图像，右击，选择"粘贴行为"，并修改参数，将"音频名称"改为"声音4"

继续点击第一个图像的绿色"编辑行为"标志。

编辑行为→电话功能→点击三次"控制声音"，添加三个"控制声音"行为（图4-112）。

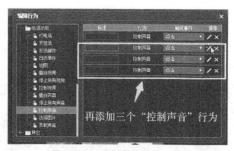

图 4-112　完善控制声音行为

如图4-113所示，点击第二个"控制声音"的"编辑"标志，修改参数：音频名称为"声音2"，播放控制为"暂停"。

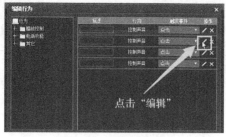

图 4-113　编辑行为参数

点击第三个"控制声音"的"编辑"标志,修改参数:音频名称为"声音3",播放控制为"暂停"。

点击第四个"控制声音"的"编辑"标志,修改参数:音频名称为"声音4",播放控制为"暂停"。

即第一个人物图像设置的"控制声音"属性为:声音1播放,声音2、3、4暂停(图4-114)。

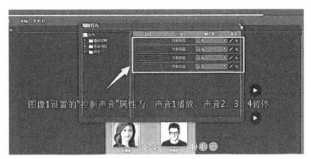

图4-114 声音控制属性

同理,设置第二、三、四个人物图像的"控制声音"属性。

第二个人物图像设置的"控制声音"属性为:声音2播放,声音1、3、4暂停。

第三个人物图像设置的"控制声音"属性为:声音3播放,声音1、2、4暂停。

第四个人物图像设置的"控制声音"属性为:声音4播放,声音1、2、3暂停。

复制粘贴帧:点击第4页面,选择"返回按钮"图层的所有帧,右击,选择"复制帧"。

参考以上步骤,将第4页面的"返回按钮"图层帧数复制粘贴到第5页面新建的图层5上。

4.5.8　添加背景音乐

返回第 1 页面。新建空白图层，重命名为"背景音乐"。

在"背景音乐"图层添加背景音乐素材。

将"背景音乐"移至舞台画面外。

在舞台的属性栏内找到"背景音乐"属性，选择新添加进的背景音乐素材——"声音 5"（图 4-115）。

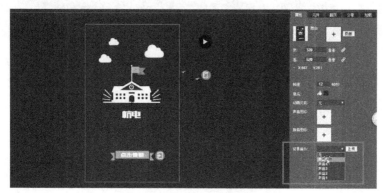

图 4-115　选择背景音乐属性

预览效果。

4.5.9　制作第 6 页面动画（学校风采）

点击进入第 6 页面编辑舞台。

新建"文字"图层，添加"学校风采"文字素材，新建图层 3 添加四张学校风采的相关照片（图 4-116）。

将图层 3 重命名为"照片"。

可在属性栏里调整每张图的宽和高，保证四张图大小一致（图 4-117）。

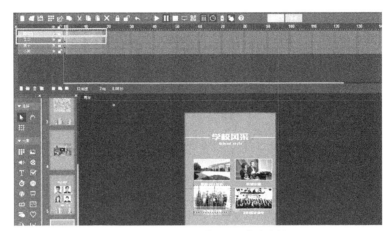

图4-116 添加"学校风采"文字素材

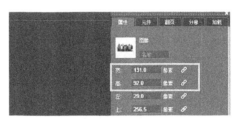

图4-117 调整图片尺寸

新建图层4，复制前页面的"返回按钮"图层帧数，粘贴进图层4。

将图层4重命名为"返回按钮"，新建"幻灯片"图层。

点击除"幻灯片"图层之外的图层上的"锁定"图标标志，锁定图层（图4-118）。

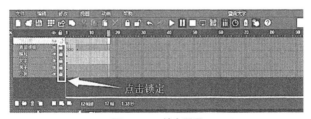

图4-118 锁定图层

点击"幻灯片"工具（图4-119）。

图 4-119 选择"幻灯片"工具

利用鼠标在舞台上拖拉出幻灯片形状（图 4-120）。

图 4-120 绘制幻灯片框

点击舞台上的"幻灯片"，在属性栏找到图片列表，点击"+"添加图片素材（图 4-121）。

图 4-121 在幻灯片属性栏内添加图片素材

制作"跳转到页"动画：设置第2页的"学校风采"图像的跳转行为，使其跳转到第6页。

制作幻灯片出现效果：将幻灯片第1帧上的黑点移至最后一帧（第17帧）（图4-122）。

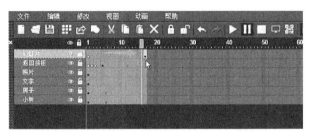

图4-122 制作幻灯片出现效果

制作"跳转到帧"行为：点击"照片"图层上的第一张图片的橙色"+"按钮（图4-123），跳出"编辑行为"对话框。

图4-123 选择第一张图片的编辑行为按钮

"播放控制"→"跳转并停止"→"编辑"→参数→"帧号"为17（图4-124）。

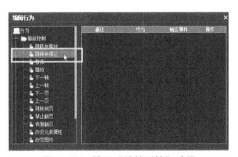

图4-124 设置"跳转到帧"动画

新建图层 6，点击图层 6 的任意一帧（这里为第 12 帧），右击，选择"插入关键帧"。

点击选中图层 6 的空白关键帧，在舞台外新建矩形形状（图 4-125）。

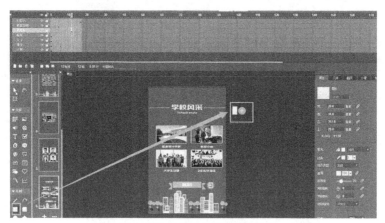

图 4-125 在舞台外新建矩形形状

点击矩形橙色"+"按钮，设置编辑行为（图 4-126）。

图 4-126 选中矩形的编辑行为按钮

"播放控制"→"暂停"→触发事件→"出现"（图 4-127）。

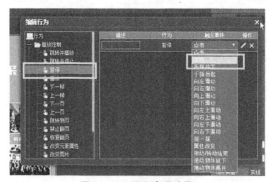

图 4-127 设置出现动画

在"幻灯片"图层的最后一帧（即幻灯片所在的帧数上），选择"矩形"工具，在舞台上拉出一个覆盖舞台的矩形（图4-128）。

图4-128 绘制矩形框

调整矩形属性：设置宽（320像素）、高（520像素）与舞台一样，填充颜色为黑色，透明度为70（图4-129）。

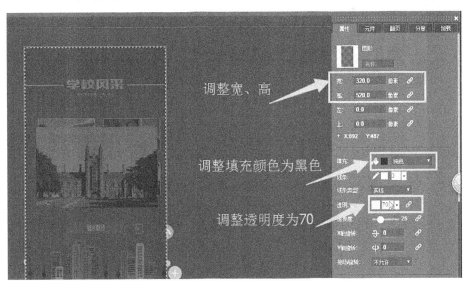

图4-129 设置矩形属性

在矩形上右击→"排列"→"移至底层"（图 4-130）。

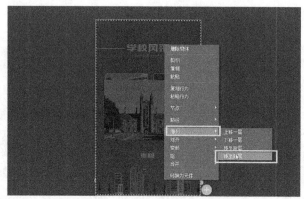

图 4-130 将矩形框移至底层

设置"跳转并停止"行为：点击幻灯片组右下角的橙色"+"按钮（图 4-131），设置编辑行为。

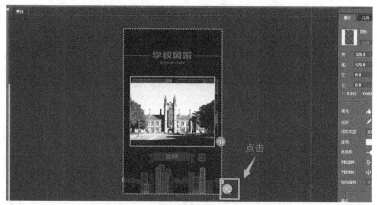

图 4-131 选择幻灯片组的编辑行为按钮

"控制播放"→"跳转并停止"→"编辑"→参数→帧号为 12（控制图层 6 开始的帧数）（图 4-132）。

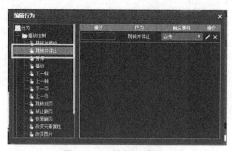

图 4-132 编辑行为

点击"直线"工具，在幻灯片右上角画一个红叉（图4-133）。

图4-133 用"直线"工具画一个红叉

将两条红线合成红叉组，并参考101步，设置红叉的编辑行为，跳转并停止到第12帧。

4.5.10 视频教程

4.5.10 插入网页链接

选中幻灯片图层的第16帧，右击，选择"插入关键帧"。

点击"网页"工具，在舞台上绘制一个网页链接框（图4-134）。

图4-134 使用"网页"工具绘制网页链接框

复制所需要跳转到的链接。

将链接粘贴进属性栏里的"网页地址"文本框内（图 4-135）。

图 4-135 在"网页地址"文本框粘贴链接

点击幻灯片第 17 帧，在舞台上的黑色透明框组合右击，选择"复制"（图 4-136）。

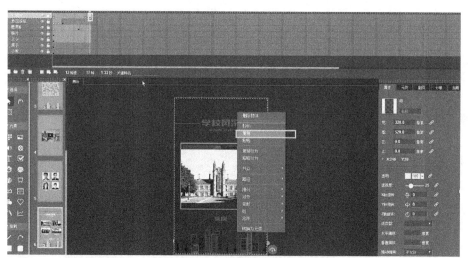

图 4-136 复制黑色透明框组合

返回第16帧，在舞台上右击，选择"粘贴"（图4-137）。

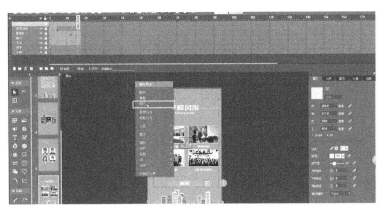

图4-137 粘贴黑色透明框组合

右击→"排列"→"移至底层"（图4-138）。

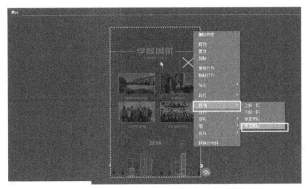

图4-138 将黑色透明框组合移至底层

双击红叉，进入组，右击，选择"删除物体"（图4-139），将多余物件删除。

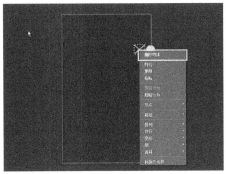

图4-139 删除多余物件

点击"舞台"，返回舞台。

同理，在"幻灯片"图层的第 15 帧时添加图表（图 4-140）。

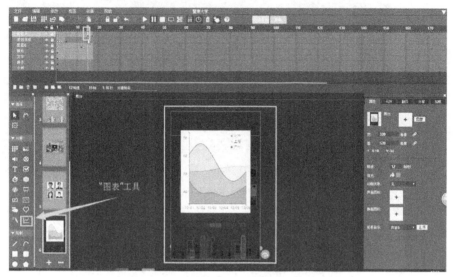

图 4-140　添加图表

在第二张图上设置编辑行为：点击橙色"+"按钮（图 4-141），
设置"跳转并停止"行为。

图 4-141　选择编辑行为按钮

编辑行为→"控制播放"→"跳转并停止"→"编辑"→参数→
帧号为 15（图表的帧数位置）（图 4–142）。

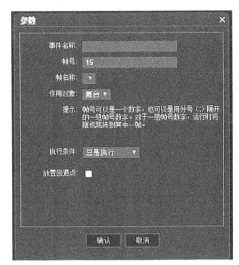

图 4–142　设置编辑行为参数

同时，点击第四张图的橙色"+"按钮（图 4–143），设置"跳转
并停止"行为，帧号为 16（链接的帧数位置）。

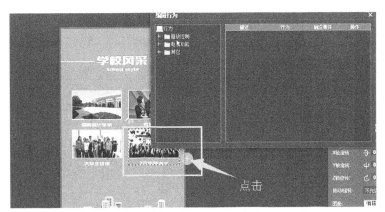

图 4–143　设置编辑行为参数

点击"预览"，查看"暨南大学简介"H5 案例。

4.6 完善与分享作品

4.6.1 保存与分享

分享信息填写：点击"分享"模块，填写分享信息（图4-144）。

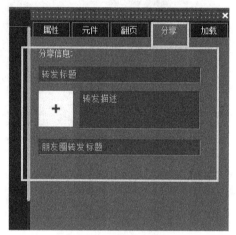

图 4-144 设置分享信息

点击"+"按钮添加分享首页图片（128px×128px）（图4-145）。

图 4-145 添加分享首页图片

设置加载样式：在"加载"模块内，样式选择"进度条"（图4-146）。

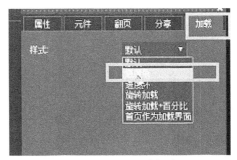

图4-146　设置加载样式

修改进度条的各项属性（图4-147）。

图4-147　修改进度条属性

保存：点击"保存"按钮，保存作品（图4-148）。

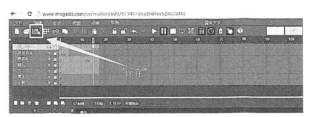

图4-148　保存作品

通过二维码共享：点击"二维码标志"，弹出"通过二维码共享"对话框（图4-149）。

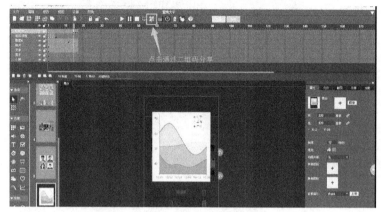

图 4-149　通过二维码共享

在对话框内可通过复制预览地址或通过扫描二维码来分享作品，也可点击"编辑地址"进入编辑页面（图4-150）。

图 4-150　获取作品链接

教学作品链接地址：

作业要求

参考案例，设计一个宣传类 H5，素材要求原创，包含基础动画和交互动画。

第 5 章

制作一个长图拖动介绍页

本章引言

拖动长图类 H5 动画，形式上有横有竖，也有一些案例可同时使用横竖屏结合。相比其他 H5 形式，长图的技术要求相对容易，但是在作品的整体性、连贯性、故事性等方面，其优势是非常明显的，如轻互动、整体简约、利益直接、场景贴切等特点，所以很多大品牌常会用此形式，屡屡刷屏。国务院客户端出品的《数看五年》、人民日报出品的《这是一次令中国人振奋的穿越》都是长图类 H5 中的优秀作品。长图类 H5 实现方式要注意三个关键点：

（1）时间轴：用滑动时间轴来控制动画播放，相当于把所有元素从开始到最后的动画，在一条时间线上全部做好，但不播放，静止等待。而滑屏就相当于一个触发时间前进的钥匙，划动一下，时间前进一点，那么时间线上该时间段的动画就执行播放。以此类推，无论纵向、横向都是如此。

（2）轨迹 / 关键帧：轨迹是加在元素身上的，关键帧是加在轨迹身上的。在不同的时刻添加关键帧，并设置该关键帧的元素的状态（大小、位置、透明度、旋转、模糊），当时间从关键帧 1 走向关键帧 2 的时候，就形成了一段动画。而多个关键帧叠加在一起，就形成了元素的轨迹。所有元素的轨迹组合到一起，就有了整个时间轴动画。

（3）时间标记：时间标记是加在整个时间轴上面的，与元素轨迹/关键帧不发生直接关系。时间标记既可以控制每次滑屏时间轴前进的时长，且修改时间标记；也可以触发其他事件，如特效序列播放、音频（音效）播放等事件。

与长图 H5 相似的有全景 H5，因其内容量足，视觉冲击感强，形式新颖，新鲜感足，可模拟 VR 体验，参与感强，有空间感和立体感，层次感丰富等特点，给用户带来极大的视觉冲击和惊喜感。如《BMW 中国文化之旅》，在这个宝马的全景 H5 中，用户可以自由探索 "BMW 中国文化之旅成果双年展" 展厅，参观展厅内陈列的各种中国非物质文化遗产。宝马全景 H5 最大的优点在于画面的清晰度和对真实场景的还原。画面放大后，展台上的介绍文字依旧可以看得很清楚，用户滑动手指移动画面时，就如同走在真正的展厅中一样。除此之外，用户还可以自由选择 VR、重力等模式和不同展厅场景。更难得的是，整个 H5 的体验十分流畅，丝毫没有卡顿。淘宝造物节邀请函使用了大量色彩大胆的漫画风，再加上节奏轻快的背景音乐，瞬间就抓住了年轻人的心，看似眼花缭乱的画面一旦 360° 旋转起来就炫酷到炸裂，从而轻易地勾起消费者 "买买买" 的欲望。画面上分布着众多提示点，点击就能查看活动介绍。除此之外，该邀请函还设置了内容导航，方便用户查看活动分类，一目了然。

本章重点和难点：关键帧和时间标记的设定。

教学要求：学习制作拖动动画、元件动画、关联动画和弹窗等。

·本章微教学·

5.1 构思以及设计

设计一支长图拖动类 H5，要求作品具有一定故事性，简易问答形式，有基本逻辑判断功能，用户体验整体性、连贯性良好。

5.2 添加素材

5.2 视频教程

在媒体库中点击"+"标志上传案例所需要的素材，可在"私有"

下找到自己上传的素材（图 5-1）。

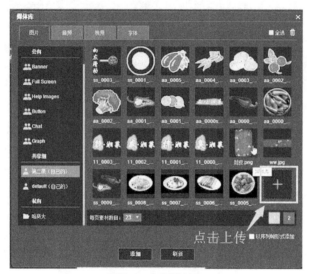

图 5-1 打开素材库

添加封面图像（图 5-2）。

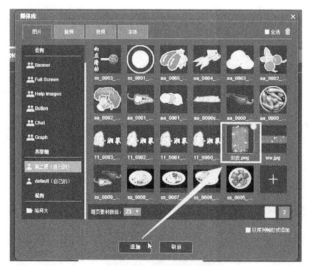

图 5-2 选择封面素材

重命名图层 0 为"封面"（图 5-3）。

图 5-3　图层命名为"封面"

新建"标题""按钮的文字""点击按钮"图层，分别将"品味湘菜"文字图像、"点我上菜"文字元素、"辣椒"图像从媒体库添加进去（图5-4）。

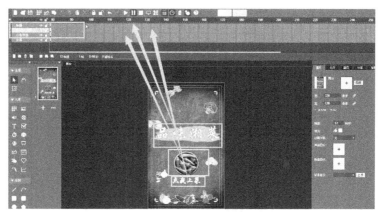

图 5-4　添加素材

为全部图层中的元素添加动画效果。选中全部图层的某一帧，右击，选择"插入帧"（图 5-5）。

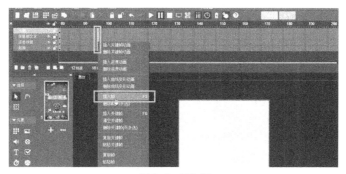

图 5-5　插入帧

设置"标题"图层的"品味湘菜"文字图像元素在第 5 帧出现，出现效果是绕 X 轴旋转 90°（图 5-6）。

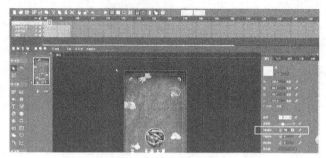

图 5-6　设定文字动画

分别设置"按钮的文字""点击按钮"两个图层的元素都在第 11 帧出现，出现效果是由下往上（图 5-7）。

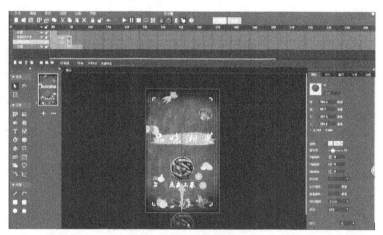

图 5-7　设定按钮文字动画

制作旋转动画效果：双击舞台上的辣椒图像，进入辣椒的组编辑界面（图 5-8）。

图 5-8　编辑辣椒组

在辣椒的组编辑界面中，点击辣椒图像，右击，选择"转换为元件"，将辣椒的图像元素转为元件元素（图5-9）。

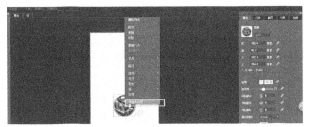

图 5-9　将辣椒转为元件

双击辣椒元件，进入辣椒元件的编辑界面（图5-10）。

图 5-10　编辑辣椒元件

在辣椒的元件编辑界面中，在图层0上右击→"插入帧"→右击→"插入关键帧动画"。选中最后一帧，将属性栏内的"Z轴旋转"改为360°（图5-11）。

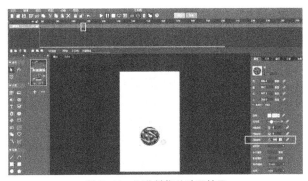

图 5-11　制作辣椒的动画效果

点击"舞台"，返回舞台编辑界面（图 5-12）。

图 5-12　返回舞台界面

在元件栏内，将元件 1（辣椒元件）重命名为"辣椒"（图 5-13）。

图 5-13　重命名元件

5.3 视频教程

5.3 制作拖动动画

点击"+"标志添加新页面 2，点击进入页面 2（图 5-14）。

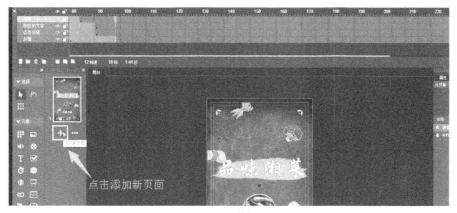

图 5-14 编辑页面 2

添加长背景图像（图 5-15）。

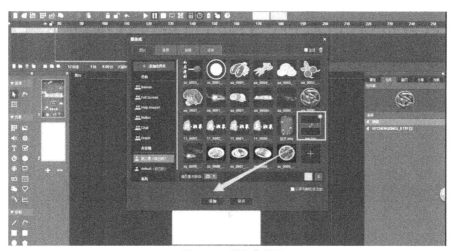

图 5-15 添加背景图

将长背景图像拉大，使其高度与舞台相同，覆盖舞台（图 5-16）。

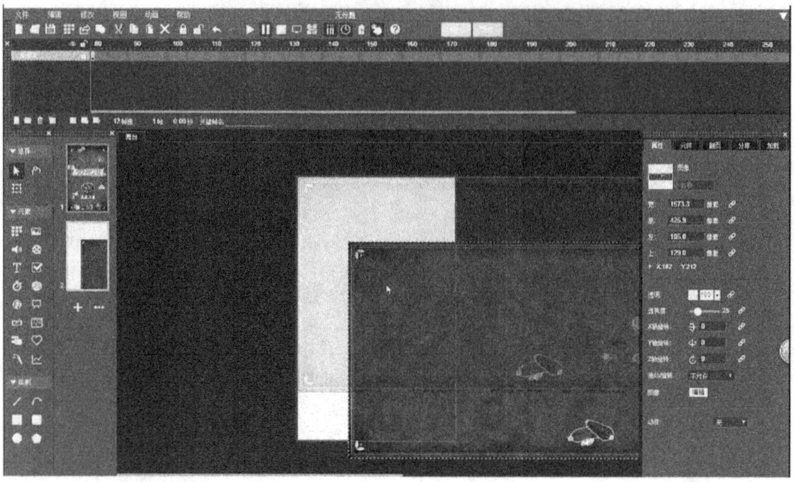

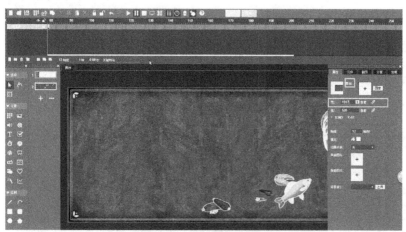

图 5-16　调整背景图尺寸

为方便编辑，将舞台属性栏内的舞台"宽"值改为 1917px，方便左右拖动舞台（图 5-17）。

图 5-17　调整舞台宽度尺寸

继续在图层 0 上添加素材："向左滑动"文字图像、"剁椒鱼头"图像、"凉皮"图像、"扣肉"图像、"臭豆腐"图像、"这里已经是最后了"文字元素、"西兰花"素材、"洋葱"素材（图 5-18）。

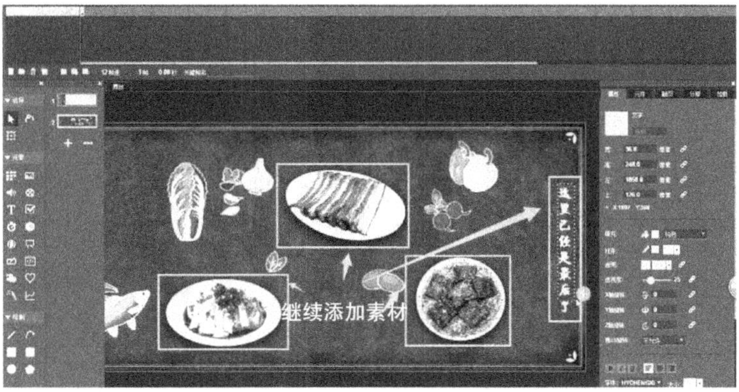

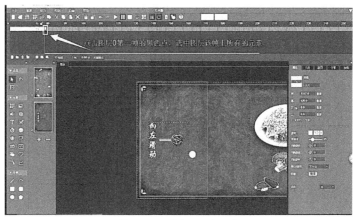

图 5-18　添加素材

点击图层 0 上的第 1 帧的黑色点，选中该图层在该帧上的所有元素（图 5-19）。

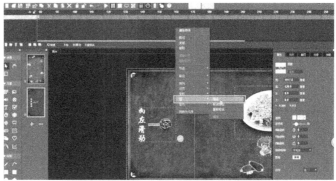

图 5-19　选中图层中元素

在舞台上，右击→"组"→"组合"（图 5-20）。

图 5-20　新建组

在该组的属性栏内设置"拖动／旋转"属性为"水平拖动"（图5-21）。

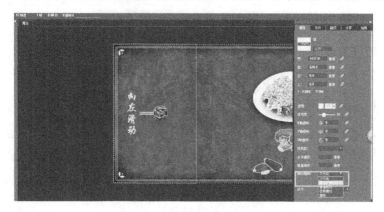

图5-21　设定属性为"水平拖动"

5.4 制作组内各元件动画

双击舞台上的组，进入组编辑页面（图5-22）。

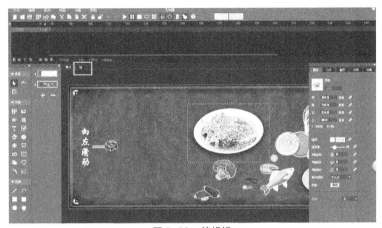

图 5-22 编辑组

选中"向左滑动"文字元素，右击，选择"转化为元件"，将其转化为元件1。双击该元件进入元件1编辑界面（图5-23）。

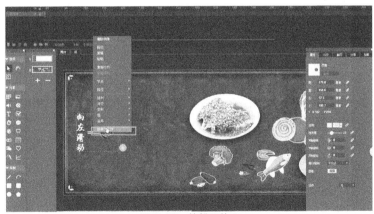

图 5-23 编辑元件1

制作元件1的动画：在图层0上任意一帧（如第20帧）右击→"插入帧"→右击→"插入关键帧动画"（图5-24）。

图 5-24　插入关键帧动画

在图层 0 的第 10 帧上，右击，选择"插入关键帧"。选中第 10 帧关键帧，将舞台上的元件向左拖动一小段距离，制作出左右滑动的动画效果（图 5-25）。

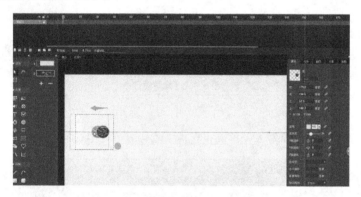

图 5-25　制作左右滑动的动画效果

点击"舞台"，回到舞台编辑界面（图 5-26）。

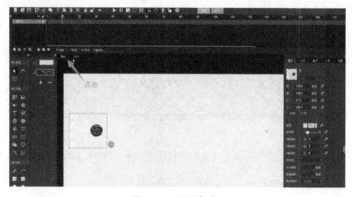

图 5-26　返回舞台

双击舞台上的元素进入组编辑界面（图5-27）。

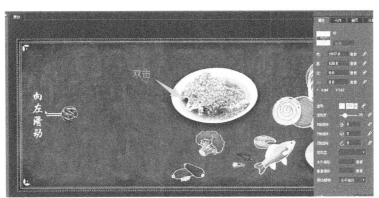

图5-27 编辑组

在组的编辑页面里，选中"剁椒鱼头"图像元素，右击，选择"转换为元件"，将其转换为元件2。双击元件2进入元件2编辑界面（图5-28）。

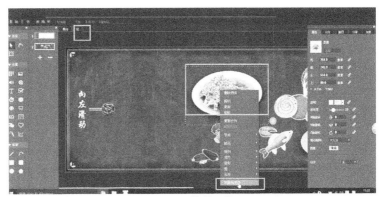

图5-28 编辑元件2

制作元件2的动画：在图层0上任意一帧（如第20帧）右击→"插入帧"→右击→"插入关键帧动画"。在第10帧上右击→"插入关键帧"（图5-29）。

图5-29 编辑元件2动画

选中第 10 帧关键帧，按住 Ctrl 键，用"变形"工具将元件 2（"剁椒鱼头"元件）中心放大，制作出放大缩小的动画（图 5-30）。

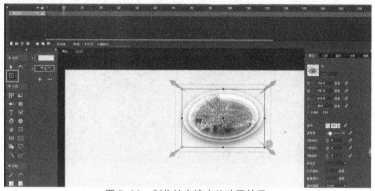

图 5-30　制作放大缩小的动画效果

点击"舞台"，回到舞台编辑界面。

参考制作"剁椒鱼头"动画的步骤，制作"凉皮""扣肉""臭豆腐""洋葱""西兰花"动画。

其中，"凉皮""扣肉""臭豆腐"为放大缩小的动画效果（同"剁椒鱼头"的制作方法），"洋葱""西兰花"为左右摆动的动画效果。如图 5-31 所示，在其元件编辑界面内中间关键帧处，利用鼠标拖动舞台元素右上角向上稍微摆动一些位置，制作出左右摇摆的动画。

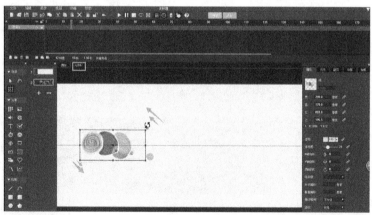

图 5-31　编辑左右摆动动画

　　回到舞台后，在舞台属性栏内将舞台的"宽"的数值改回 320，点击"预览"观察动画效果（图 5-32）。

图 5-32　调整舞台宽度

5.5　制作关联动画

5.5 视频教程

将图层 0 重命名为"底图"（图 5-33）。

图 5-33　修改图层名

新建图层 1，添加"茄子"图像元素，将其移至舞台左上角（图 5-34）。

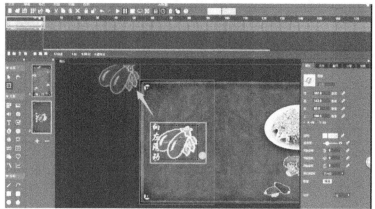

图 5-34　添加图像元素

制作"茄子"动画：点击"茄子"，右击，选择"转换为元件"，转换为元件 8（图 5-35）。

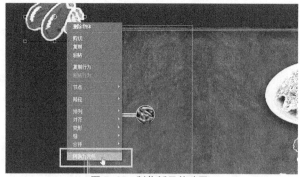

图 5-35　制作新元件动画

双击舞台上的"茄子"元件进入元件8编辑界面。在图层0的第49帧右击→"插入帧"→"右击"→"插入关键帧动画"（图5-36）。

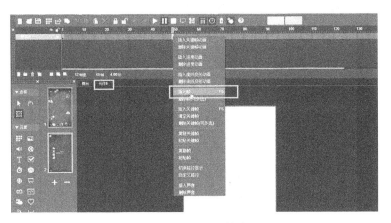

图5-36　插入关键帧动画

点击选中最后图层最后一帧，将"茄子"元件从左上角拉至右下角，制作出"茄子"从左上角向右下角飞出去的动画效果（图5-37）。点击"舞台"，返回舞台。

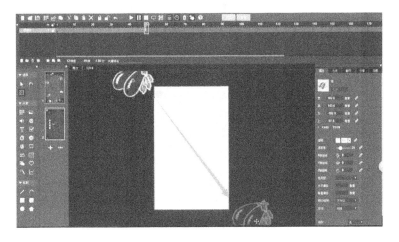

图5-37　调整元件动画效果

在组的属性栏内，将组命名为"底图控制"（图5-38）。

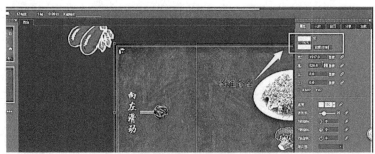

图 5-38　命名组

在图层上，将图层 1 命名为 "茄子"（图 5-39）。

图 5-39　命名图层 1

在 "茄子" 元件的属性栏内找到 "动画关联"，选择 "启用"（图 5-40）。

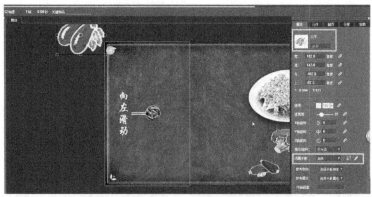

图 5-40　启用 "动画关联"

点击 "关联" 标志下拉出关联属性设置栏（图 5-41），设置属性为：参考物体——底图控制；参考属性——左；开始阀值——-10；结束阀值——-300；播放模式——同步播放。

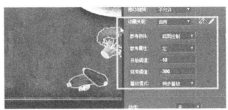

图 5-41　设置关联属性

同理，在"茄子"图层上插入"辣椒"图像，右击将"辣椒"图像转换为元件。双击进入"辣椒"元件编辑页面，编辑"辣椒"元件的动画，将"辣椒"元件制作成上下微微摇摆的动画效果（图5-42）。

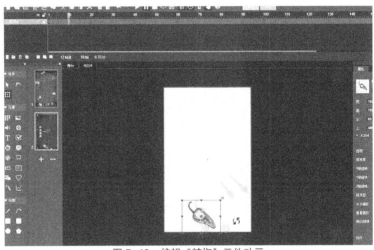

图 5-42　编辑"辣椒"元件动画

返回舞台，将"辣椒"元件拖至舞台底端（图5-43）。

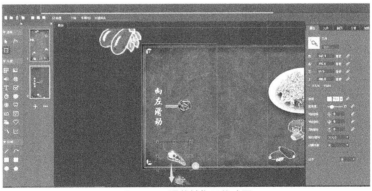

图 5-43　调整辣椒元件动画

在"辣椒"元件的属性栏内，点击"上"属性的关联标志，设置关联属性为（图5-44）：参考物体——底图控制；参考属性——左；

关联方式——控制点插值；当主控量 =-10 时，被控量 =520；当主控

量 =-300 时，被控量 =-130。

图 5-44　调整"辣椒"元件关联属性

点击"预览"观察效果。

5.6 视频教程

5.6 制作弹窗

双击底图进入组编辑页面（图 5-45）。

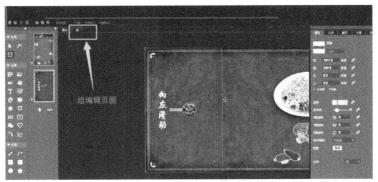

图 5-45　编辑底图组

添加湘菜的文字介绍素材，并调整好位置、尺寸（图 5-46）。

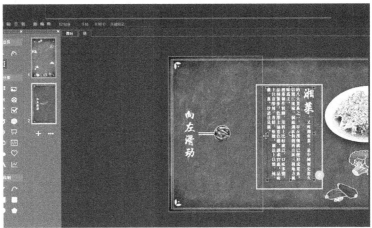

图 5-46　调整文字位置尺寸

新建"介绍"图层（图 5-47）。

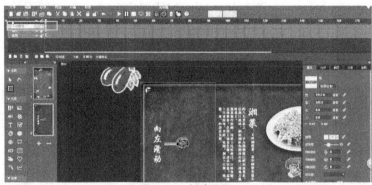

图 5-47　新建图层

选中所有图层的第 10 帧，右击，选择"插入帧"（图 5-48）。

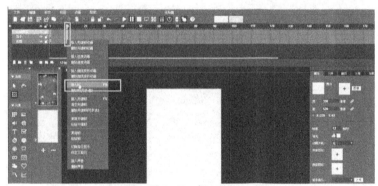

图 5-48　插入帧

选中"介绍"图层的第 2 帧，右击，选择插入"关键帧"（图 5-49）。

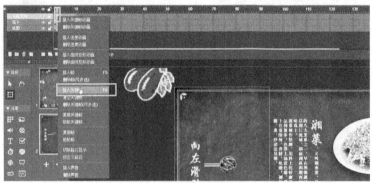

图 5-49　插入关键帧

在"介绍"图层的第 2 帧插入"辣湘菜"字样图像素材（图 5-50）。

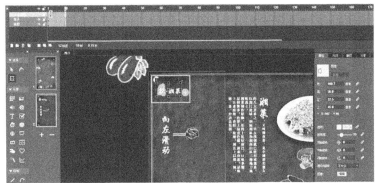

图 5-50　插入文字

继续用"矩形"工具在舞台上拉出一个接近舞台大小的矩形，在矩形属性栏内调整属性：填充色为黑色，"透明"属性为 70（图 5-51）。

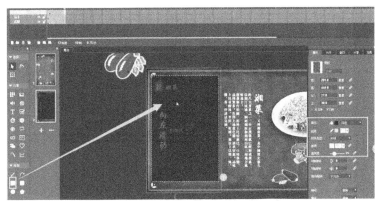

图 5-51　绘制矩形并调整属性

点击矩形，右击→"排列"→"移至底层"（图 5-52）。

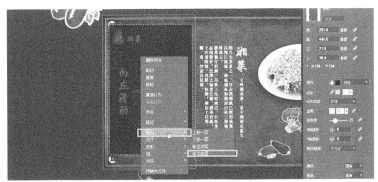

图 5-52　将矩形移至底层

继续添加"剁椒鱼头"图像、标题文字及简介文字（图 5-53）。

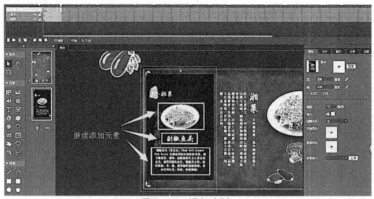

图 5-53　添加素材

点击"介绍"图层的任意一帧选择所有该图层上的元素，在舞台上对准选中的元素，右击→"组"→"组合"，将该图层的元素组成一组（图 5-54）。

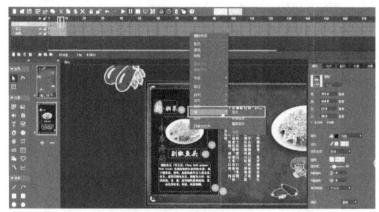

图 5-54　建立元素组

在"介绍"图层上右击，选择"插入关键帧动画"（图 5-55）。

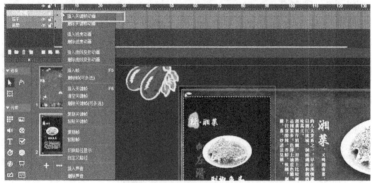

图 5-55　插入关键帧动画

点击选中"介绍"图层上的第 2 帧，将"透明"属性改成 0，做成缓慢出现的动画效果（图 5-56）。

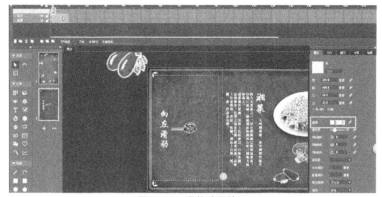

图 5-56　调整动画效果

新建"控制层"图层（图 5-57）。

图 5-57　新建图层

点击选中"控制层"图层第 2 帧，右击，选择"插入关键帧"（图 5-58）。

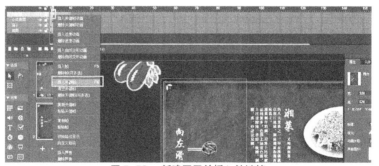

图 5-58　新建图层并插入关键帧

选中"控制层"图层的第 1 帧，用"矩形"工具在舞台外绘制一个矩形（图 5-59）。

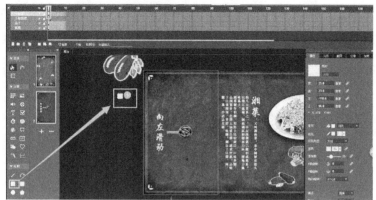

图 5-59　绘制新图形

点击"矩形"右边的橙色"+"按钮，设置编辑行为属性："播放控制" → "暂停" → 触发事件为"出现"（图 5-60）。

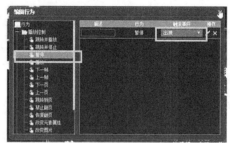

图 5-60　编辑行为属性

点击"控制层"的第 10 帧，右击，选择"插入关键帧"（图 5-61）。

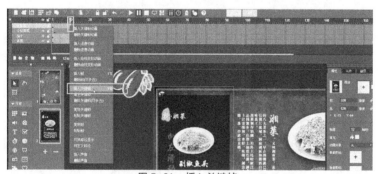

图 5-61　插入关键帧

选中"控制层"图层的第1帧，点击舞台上的矩形，右击，选择"复制"（图5-62）。

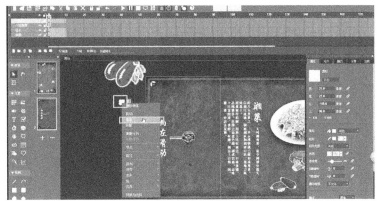

图 5-62　复制形状

选中"控制层"图层的第10帧，在舞台外空白处右击，选择"粘贴"（图5-63）。

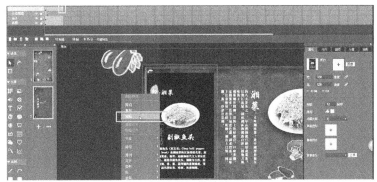

图 5-63　粘贴帧

双击舞台上底层的组，进入组的编辑界面（图5-64）。

图 5-64　编辑组

点击"剁椒鱼头"元件，点击橙色"+"按钮进入"编辑行为"对话框（图5-65）。

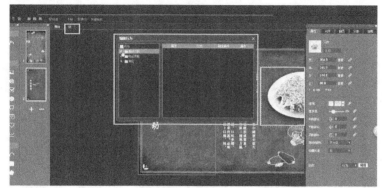

图 5-65　编辑行为

设置"编辑行为"属性："播放控制"→"跳转并播放"→编辑→帧号为2（图5-66）。

图 5-66　调整编辑行为属性

点击选中"介绍"图层的最后一帧（即第10帧），在舞台上点击"介绍"组上的橙色"+"按钮（图5-67）。

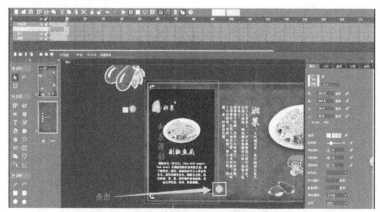

图 5-67　选择"介绍"图层组的编辑行为按钮

编辑行为属性："播放控制"→"跳转并停止"→编辑→帧号为1（图
5-68）。

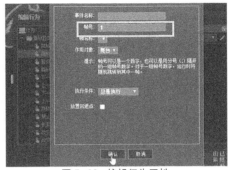

图 5-68　编辑行为属性

利用鼠标拖动选择"控制层""介绍图层"的第2帧到第10帧，
右击，选择"复制帧"（图5-69）。

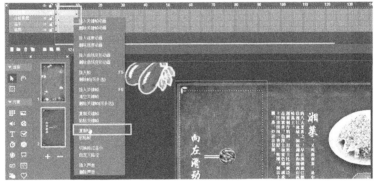

图 5-69　复制帧

分别点击"控制层"第11、20、29帧，分别右击，选择"粘贴帧"
（图5-70）。

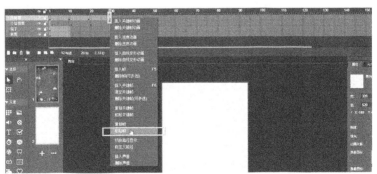

图 5-70　粘贴帧

选中"茄子""底图"的第37帧,右击,选择"插入帧"(图5-71)。

图 5-71　插入帧

点击选中"介绍"图层的第19帧,双击"介绍"组进入组的编辑界面(图5-72)。

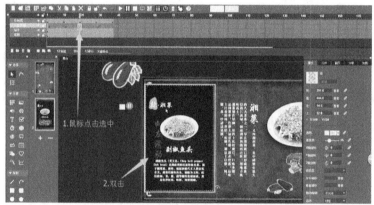

图 5-72　编辑组

修改各元素为"米粉"的介绍,修改后点击回到舞台(图5-73)。

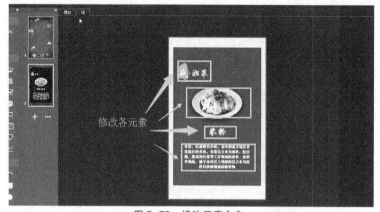

图 5-73　修改元素文字

同理，点击选中"介绍"图层的第 28 帧，双击"介绍"组进入组的编辑界面（图 5-74）。

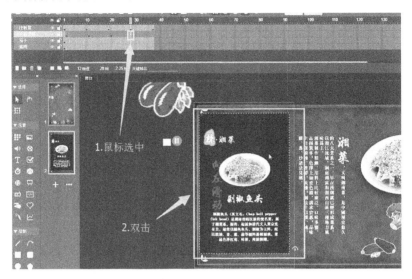

图 5-74　编辑组

修改各元素为"扣肉"的介绍，修改后点击回到舞台（图 5-75）。

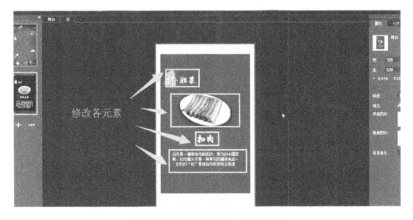

图 5-75　修改"扣肉"元素文字

同理，点击选中"介绍"图层的第 37 帧，双击"介绍"组进入组的编辑界面（图 5-76）。

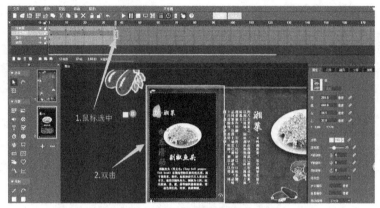

图 5-76　编辑组

修改各元素为"臭豆腐"的介绍，修改后点击回到舞台（图 5-77）。

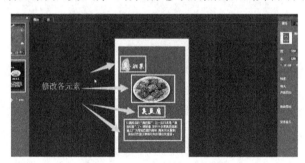

图 5-77　修改"臭豆腐"元素文字

回到第 1 帧，点击舞台，在舞台的属性栏内修改舞台的"宽"数值为 1917（图 5-78）。

图 5-78　修改舞台宽度

双击"底层元素"组进入组的编辑界面。点击"米粉"元件的橙色"+"按钮，修改编辑行为属性："播放控制"→"跳转并播放"→编辑→帧号为11（图5-79）。

图5-79　编辑"米粉"元件行为属性

双击"底层元素"组进入组的编辑界面。点击"扣肉"元件的橙色"+"按钮，修改编辑行为属性："播放控制"→"跳转并播放"→编辑→帧号为20（图5-80）。

图5-80　调整"扣肉"元件行为属性

双击"底层元素"组进入组的编辑界面。点击"臭豆腐"元件的橙色"+"按钮，修改编辑行为属性："播放控制"→"跳转并播放"→编辑→帧号为 29（图 5-81）。

图 5-81　调整"臭豆腐"元件行为属性

点击返回舞台，在舞台的属性栏内将其"宽"的数值改回 320（图 5-82）。

图 5-82　调整舞台宽度

点击"预览"。

5.7　完善与分享作品

点击回到第 1 页面，在所有图层之上新建一个"控制层"图层（图 5-83）。

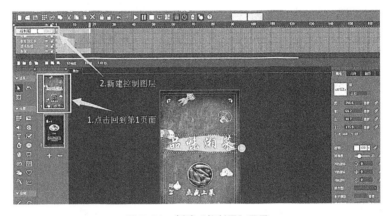

图 5-83　新建"控制层"图层

在"控制层"图层的最后一帧上右击，选择"插入关键帧"（图5-84）。

图 5-84　插入关键帧

在"辣椒"按钮上覆盖新建一个矩形（图 5-85）。

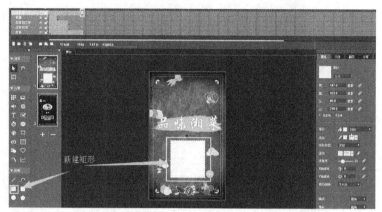

图 5-85　新建矩形

在矩形属性栏内修改矩形"透明"数值为 0（图 5-86）。

图 5-86　调整矩形属性

点击设置矩形编辑行为属性："播放行为"→"跳转到页"→编辑→页号为 2（图 5-87）。

图 5-87　编辑行为属性

设置禁止翻页，点击设置封面的编辑行为属性："播放控制"→"禁止翻页"→触发事件为"出现"（图5-88）。

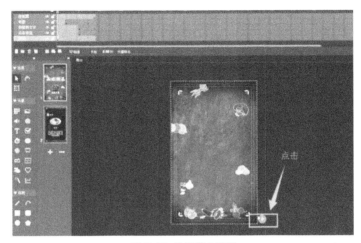

图5-88 设置禁止翻页

点击"预览"。

点击第1页面左上角的绿色"插入新页面"图标，插入一张最前的页面，即新页面变成第1页面（图5-89）。

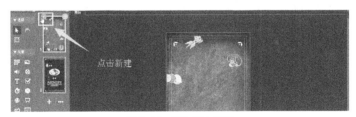

图5-89 插入第1页面

在第1页面上添加背景素材（图5-90）。

图5-90 添加背景素材

新建图层1，利用鼠标拖动将元件栏内的"辣椒"元件拖拉至舞台，调整位置和大小（图5-91）。

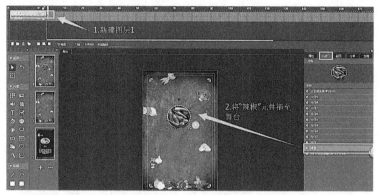

图5-91　调整元件位置

新建图层2，点击选中所有图层，右击，选择"插入帧"（图5-92）。

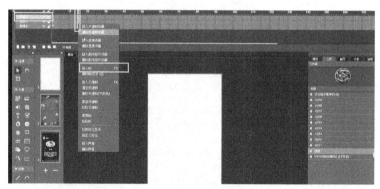

图5-92　插入帧

点击图层2的第1帧，将元件栏内的元件9（"辣椒"元件）拖拉至舞台，并调整位置与大小（图5-93）。

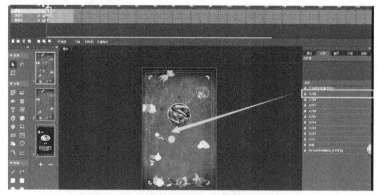

图5-93　调整"辣椒"元件位置与大小

点击图层2的任意一帧，右击，选择"插入关键帧动画"（图5-94）。

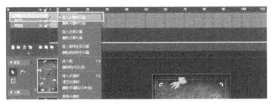

图5-94　插入关键帧动画

选中图层2的最后一帧关键帧，利用鼠标拖动将舞台上的"辣椒"水平拖至舞台右边，制作出辣椒从左向右移动的动画效果（图5-95）。

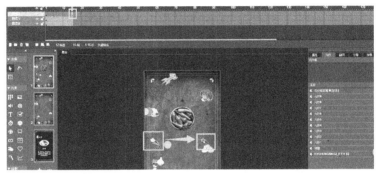

图5-95　调整辣椒动画

点击"加载"栏，将样式设置为"首页作为加载页面"（图5-96）。

图5-96　设置样式

修改跳转到页页号：在第2页面中，点击矩形的"编辑行为"标志，将"跳转到页"页号改为3（图5-97）。

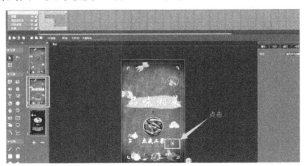

图5-97　修改跳转页号

点击预览效果。

在分享栏内填写介绍文字，添加图片（图 5-98）。

图 5-98 填写分享信息

点击"保存"按钮，在弹出的"保存"对话框内输入名称为"湘菜介绍"（图 5-99）。

图 5-99 保存文件

教学作品链接地址：

作业要求

参照本章教学内容，设计一支长图拖动类 H5。

第 6 章

H5 产品发布

本章引言

　　自 2015 年火爆到今天，H5 已经走过三年时间，日趋成熟的 H5 在未来还会有更大的发展空间。2017 年，Adobe 官方宣布将于 2020 年停止支持 Flash， HTML5 已经成长为能够代替 Flash 的技术，同时它也为当下的新媒体传播提供了有力支持。

　　2017 年开始，H5 的发展呈现出新的趋势:

　　（1）H5 完美适配移动端与 PC 端，争夺最后的 PC 流量。

　　腾讯发布的 H5《Up2017 腾讯互娱年度发布会》开始探索对移动端与 PC 端的完美适配。在移动端打开，这个 H5 是竖屏的翻页 H5，粒子效果通过翻页来进行切换。而在 PC 端打开，H5 变成了一个横屏案例，更像是一个网站，通过点击左边的菜单可以切换不同的主题，体验上更加优雅和细致。

　　（2）诱导图片引导，提高 H5 打开率。

　　当 H5 不做 PC 端适配时，用户在 PC 端打开一个 H5，通常只能看到 H5 的一半画面，带来的是非常差的用户体验。即使用户勉强在 PC 端看完，由于 PC 端的分享步骤过于烦琐，严重限制了 H5 的分享。2017 年开始，品牌方会通过 PC 端诱导图来引导用户。若诱导图片做得好，能大大提高用户打开 H5 的欲望。

（3）创意二维码海报，加强线上、线下互动。

创意海报以 H5 二维码为主体，进行图案创意设计，扫描二维码即可进入 H5。线下海报与 H5 相结合，打通了线上与线下的隔阂。用户也可以直接分享一张创意二维码图片，提供给朋友更直观的打开方式。

本章重点和难点：设计制作一个完整的 H5 作品。

教学要求：按设定主题，制作一个视觉新颖、交互流畅、音画匹配度高的 H5 作品，同时要求发布并依据后台数据写出分析报告。

·本章微教学·

6.1 学生 H5 作品设计流程

案例 1："有一种青春叫周杰伦"

1.构思与设计

设计一款承载青春回忆的 H5，以流行歌手周杰伦作为对象，通过每个时期不同的听歌方式对应他不同时期发表的作品，唤起 80 后、90 后对于青春的回忆。

例如 2000 年初，磁带是最普遍的听歌方式，相对应的是周杰伦 2001 年专辑《范特西》。到了 2016 年，手机是最普遍的听歌方式，相对应的就是周杰伦 2016 年专辑《周杰伦的床边故事》。背景歌曲选择每张专辑中被大众最为熟知的一首，每一页加入与歌曲相对应的情景动效，丰富页面的构成。整个 H5 采用长图的形式，底部加上时间轴，滑动进入下一个时期和页面。页面之间采用一定的动画连接，使用户有一种连贯感，并且可以体会到时间的流逝。在每个页面上采用一定的交互形式，如点击、拖动等触发播放歌曲，让用户有更好的参与感。在结束长图之后，采用动画的形式制作高潮页，渲染和升华整个 H5 的氛围，结束页为分享界面。

2.画出框架结构

先画出每页草图，表现大致的情节和画面（图 6-1）。分别画出每个时期的代表物品，合理布局画面，包括图片和文字的摆放位置。考虑到设计主题，首页采用录像带的形式，将周杰伦的专辑按时间顺序排布，并考虑每页的节奏。

在框图基础上，画出低保真原型（图 6-2）。低保真图中不用出现确切的图像以及文字，只需将图片以及文字的具体布局和整个 H5 的交互结构表达清楚即可。理清页与页之间的逻辑关系，方便后续设

图 6-1　"有一种青春叫周杰伦" H5 草图

图 6-2　"有一种青春叫周杰伦" H5 低保真原型

计和实现。同时预设一系列交互方式，包括点击、滑动等。

3. 界面与交互设计

根据草图，设计完整的页面。页面应与主题相呼应，这是一款情感类的 H5，所以在设计页面时要注意烘托怀旧的氛围。为表现 H5 的怀旧风格，采用了黑板手绘风格，以黑板为背景，图片都采用了白描的形式，同时选择手写字体，与画面相辅相成（图 6-3）。用户与产品的交互，通过周杰伦每个时期的代表作作为引导，给用户更好的代入感。

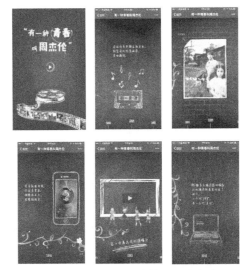

·扫一扫查看案例·
（出品方：陈英俏）

图 6-3　"有一种青春叫周杰伦" H5 高保真页面

4. 导入软件添加动画以及交互

将设计好的 PSD 文件或图片导入软件，根据之前设计好的页面布局摆放，按低保真图的逻辑与模式设置交互，同时制作动画效果使页面更具有趣味性和吸引力，避免画面过于静态无趣。在导入软件的过程中要注意视频和图片的格式与大小。

5. 设置一些基本参数与属性

在软件里完成 H5 的制作后，可以设置转发标题，转发描述以及朋友圈转发标题，给 H5 取名为"有一种青春叫周杰伦"，转发描述和朋友圈转发标题可以设置一些有吸引力的内容，吸引用户点击。同时在不同移动设备上进行测试，调整完善作品。

案例2："归途"

1.构思与设计

首先要明确做这款 H5 的目的，以"归途"H5 为例，设计这个 H5 的目的是加强年轻单身女性独自出行的防范意识。针对这个设计目标，和年轻女性受众，选择了一个有代入感且略带恐怖氛围的深夜下班回家的情境，用各种困难考验用户是否能安全回到家。用悬疑的情境和有参与感的游戏形式，吸引年轻女性关注自身的安全防范问题。

确定了目的和方向以后就可以开始确定表现形式，"归途"H5 设计成以选择题的形式进行闯关。但是单纯的选择题可能会单调，所以结合了仿真的手机软件界面的点选，并且加入了找东西和考验记忆的小游戏，使这支 H5 有更多的代入感和趣味性。

2.画出框架结构

完成了构思与设计以后，还不能直接进入页面设计，首先要画出草图，类似电影的分镜头脚本，使之后的页面设计更加具有条理。同时每个页面大概的页面布局以及文字和交互方式也需要标注，下图是 H5"归途"框架图(图6-4)。框架图能帮助理清页面与页面之间的关系，防止逻辑上的混乱，会对下一步的设计大有帮助。

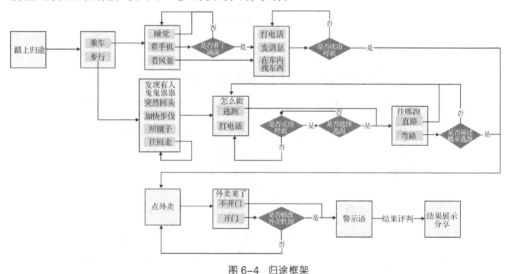

图6-4　归途框架

3. 在 PS 里设计页面

在确定了大概的框架结构之后，就需要在 PS 内设计每一个页面了。设计页面之前，首先要根据你所制作的 H5 内容来确定美术风格。不同的美术风格所带来的视觉气氛是不一样的。"归途" H5 强调了夜晚单身女性独自回家这样一个场景，所以选择了类似恐怖漫画的风格和偏暗的色调来烘托气氛，希望能带给用户紧张刺激的感觉。在受众经历各种困难回家以后，采用了亮黄温馨的色调与前面的页面形成对比，给用户温暖安心的感觉（图 6-5）。

·扫一扫查看案例·
（出品方：戴夏怡）

图 6-5 "归途" H5 高保真界面

H5 的一系列页面需要具有整体感，采用同一系列的几种字体，选择一套合适的配色以及统一的画面风格，都有助于页面与页面之间形成整体感，从而带给用户更深的印象。

4. 导入软件添加动画以及交互

在 PS 内制作好页面之后，就可以导入木疙瘩软件平台进行动画和交互设计了。导入前，先预想好每个页面的交互效果。可以将同时出现且有相同交互效果的图层合并到一起，图层越少，后续制作动画交互越容易。导入之后，每个图层旁边都会有一条时间轴，动画的制作方式和 Flash 类似。如果不想自己制作动画且需求的动画效果简单，可以选择添加预置动画，省时省力。交互效果有点击跳转到页、跳转到帧、数值计算、计时器、陀螺仪等等。可以选择图层中的一个原件进行设置。

丰富而有趣的交互使用户不再是被动的接受者，而变成一个游戏的参与者，可以带给用户很大的吸引力，也可以让用户更愿意去接收制作者所传达的信息。所以交互设计也是 H5 制作中至关重要的一环。

5. 设置一些基本参数与属性

在 PS 内要注意设置的页面大小要符合一般手机屏幕的尺寸，而分辨率设置成 72dpi。在软件内制作好交互动画后，也要记得设置 H5 标题、转发标题、转发图片和转发文字介绍，这些会影响用户的第一印象，也是用户决定是否要点开的重要因素。一段有趣吸引人的文案必不可少，"归途" H5 的转发文案是"夜晚请千万别一人独自回家……"。这段文案可以不用特别正经，但是需要有趣且能激发用户的好奇心。

6.2　H5 产品数据分析

H5 发展到现在，大致经历了以下四个阶段：第一阶段是静态，图片，类似于幻灯片，基本就是图片翻页，而维多利亚的秘密做了一个"擦屏"的互动，就刷屏了；第二个阶段是各种炫技，各种互动，感觉把手机游戏的一些东西塞进了 H5 里;第三个阶段是交互式来电显示，接着就是各种视频聊天，最有影响力的就是吴亦凡参军的 H5；第四个阶段就是场景化，如周杰伦拉你进好声音的微信群，舒淇给你朋友圈点赞。目前流行的 H5 都在给用户提供一个可参与的场景，且基本都是在模仿真实的使用场景，这么做的好处是容易让用户有沉浸式体验，同时满足用户的虚荣心，从而激发用户的分享欲望。H5 产品的扩散规模与传播效应可以由以下指标来体现：

PV（page view），即页面浏览量：通常是衡量一个网站的主要指标。监测网站或网页 PV 的变化趋势和分析其变化原因是很多站长定期要做的工作。用户每一次对网站中的单个网页访问均被记录为一次，用户对同一页面的多次访问，访问量会被累计。

UV（unique visitor），即网站独立访客：是指通过互联网访问、浏览这个网页的自然人。不同于 PV，UV 会记录访问网站的不同 IP 数量，而不会累积。这一数据可以让你知道有多少人访问了网站，而不是网站被打开的次数。

跳出率：指在只访问了入口页面（例如网站首页）就离开的访问量占所产生总访问量的百分比。跳出率计算公式：跳出率 = 访问一个页面后离开网站的次数 / 总访问次数。计算首页跳出率是常用的一种方法。

IP（Internet Protocol），即网络之间互连的协议：中文简称为"网协"，也就是为计算机网络相互连接进行通信而设计的协议。IP 值是指一天内使用不同 IP 地址的用户访问网站的数量。同一个 IP 不管访问了多少次，都被记录为一次。

在木疙瘩软件里，数据统计中有两个大的板块：

（1）统计数据（图6-6）：可统计作品的浏览量、用户数；支持某一时间段数据的查询；统计其传播来源。

图 6-6　H5 统计数据

（2）用户数据（图6-7）：统计作品中所建表单的数据信息；同时支持数据导出的功能。

图 6-7　H5 表单数据

在富媒体动画中，一个很重要的部分就是与用户的交互。在统计界面中间的交互事件部分，就是展示交互事件的信息。左边是事件的名称，右方的直方图表示每个事件发生的次数（图6-8）。注意：在添加事件的时候，只有填写了事件名称的事件才会被统计。

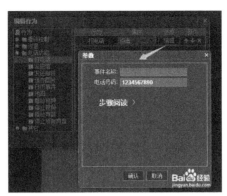

图 6-8　H5 交互事件

后台数据还可以做分布统计，统计界面最下方展示的是动画观看者的分布状况，包括国家、城市、浏览器、操作系统、屏幕分辨率和设备型号。

根据后台数据反馈信息，有助于我们分析用户情况，并做出反馈。用户可以选择在后台实时监控 H5 数据，可视化直观展示在传播中的浏览量、分享率、访客迁徙等等数据，纵观 H5 传播中的情况，及时

名称	PV(浏览量)	UV（用户数）	朋友圈	群聊	单聊	其他
人民日报——写诗	1364500	635624	26.96%	13.28%	6.76%	52.99%
人民日报——快闪	5021400	3534100	50.61%	13.21%	2.05%	34.13%
人民日报——快闪	4683000	3828900	13.59%	16.97%	3.17%	66.27%
人民日报——政府工作报告关键字	199069	120028	20.20%	3.54%	1.26%	75.01%
人民日报——期末大考	4318700	3325000	50.45%	10.54%	5.75%	33.29%

图 6-9　主流媒体 H5 数据统计

了解传播渠道和效果的优劣，为下一步移动营销提供依据。（图 6-9）

一个质量较好的 H5 可以通过硬推和软推。硬推简单粗暴但是直接，一般效果不会太好，微信公众号中下方的"阅读原文"可以将流

量引到登录页，这样的目标不够精准且影响效果短暂。软推即通过软文的形式将用户痛点和企业品牌名称有机融合到一起，再植入 H5 界面中。

需要在前期策划中搞明白，品牌的目标用户是哪一类，而他们最最关注的点是什么，这都是我们在做 H5 之前就需要考虑清楚的。关键核心点解决后我们就要着手开始撰写针对性软文以及制作 H5。

H5 推送时，微信群、微信公众号里的图文推送，线下的地推，线上的活动策划等都可以选择。要根据每个 H5 的属性选择不同的推广渠道和方法。

6.3 H5 产品在教育领域发展趋势

随着 HTML5 技术在各个领域的渗透，H5 作品的形式越来越多样化，与各种新技术的结合也越来越紧密。H5 作品在教育领域发展趋势也呈现出更丰富和多维化特征：

1. H5+ 感知技术，加强用户主动学习

随着生物识别、语言识别、传感器技术、硬件升级等技术的发展，机器对人类的意图、事物的理解、复杂问题的认知越来越深入，便捷的交互方式将使学习成本降低，学习效率更高。情景感知技术通过传感器获得用户所处环境的相关信息，从而分析用户的行为动向。同时，情景感知技术能自适应地改变手机界面，为用户提供精准推送式知识服务。在 H5 中整合具有感知能力的数字资源，将极大地提高学习体验。H5 目前支持触控、陀螺仪、定位、拍照、录音等丰富的交互行为，智能渲染和自动适配技术使加载速度更快，跨平台兼容性更好。如 iKnow 英语辅助学习软件利用位置服务技术和情景感知建模方法来设计开发。与其他软件学习的不同在于，该软件弱化了学习资源建设本身，突出了情景感知和社会关系网络功能，以"实际问题求解"为导向，其中的知识地图内容就是围绕学习者位置情景和实时学习需求而构建的。iKnow 英语辅助学习软件的主要功能包括情景感知微学习、学伴、个性化知识推送、英语知识的共享交流等，较好地满足了用户在具体情境中即时学习和主动学习的需求，提高了学习兴趣，让学生主动参与学习过程，有助于完成教学目标。基于体感交互技术的 H5 学习资源，在残障辅助教学、幼儿教育以及特殊教育方面都会有广泛应用。

2. H5+ 情感化设计，让用户一见钟情

古希腊哲学家泰勒斯说过"万物有灵"，人机交互体验是一种人

机共生的状态，随着智能设备的涌现，机器语音交互将被赋予更多"灵性"。物灵科技推出的智能机器 Luka——一只拥有灵动大眼睛的猫头鹰——是给孩子准备的纸质书阅读机器人。将配置 H5 二维码的书籍放在它的面前，它就可以快速识别内容，翻动书本就可以自动朗读给孩子听。Luka 还会和孩子互动，发出笑声，会撒娇，还会根据不同的状态做出不同表情。数字资源在注重情感化设计同时，产品的美感也越来越受到重视。美国心理学家唐纳德·诺曼博士（Donald Arthur Norman）在《设计心理学》一书中指出，美与功能之间的确存在必然联系，好看的产品往往更好用，情感改变着人脑解决问题的方式，情感改变着认知系统的工作模式。心理学家艾丽丝·伊森（Alice Isen）和她的同事也指出，快乐能够拓展思维，有助于启发创意。当人们面对具有美感的产品时，会产生愉悦的体验，他们的思路会更为开阔，从而更加具有创造性，更加富有想象力。美就是正义，颜值就是生产力，这已经越来越成为社会的共识。面对消费升级时代的年轻人，未来教材中 H5 产品要特别重视视觉表现，通过富有美感的设计，让用户对产品一见钟情。

3. H5+VR，给用户全感官体验

随着 CPU、浏览器、系统对 Web 的支持快速迭代，VR 和 AR，包括重型 3D 的内容，在 H5 中都进行了不同程度的探索，给用户带来全维度的感知。在未来教材中，要强化学习记忆的最有效方式就是五感相结合的体验。看见、听见已成为体验信息常态，而更真切的感知信息必须是用户体验升级。全感官体验能更好地打造"身临其境的沉浸式"体验印象。用户在交互过程中获取更多维的与真实场景匹配的信息反馈，如听觉、嗅觉、触觉等，加深对信息的理解和体验记忆。VR全景 H5，可以将产品的方方面面都淋漓尽致地展现出来，让用户仿佛身临其境。如 Hardlight Suit 力反馈背心主打以触觉模拟为主的全维度身体感知，这款装备配有 16 个振动点和触觉传感器，能够为用户提供沉浸其中的虚拟现实体验。VRgluv 能让我们感受到与任何目标交互的不同方式，通过力觉反馈技术，对手指的模拟动作以及触感进行真实的还原，这样无论是棒球、射击还是射箭学习，甚至是手指轻划过头发丝，都可以获得宛若真实的沉浸感。现在很多 H5 平台已陆续提供设计模板，为设计者带来了更大的便捷性。

4. H5+AI，满足用户个性化需求

大数据和云计算的技术日趋成熟，更加精准、更加智能、与个体个性化需求相匹配的人工智能将成为趋势。H5 产品在做推荐、关联的基础上，更多的趋向认知、联想、预测等模式。个性化的人工智能在深入理解用户画像和痛点的基础上，将更好地分析数据，建立用户信任，形成"你最懂我"的用户认知，有效提高用户学习效率，制造体验惊喜，提升产品的用户黏性，更有效地促成学习目标的达成。市面上在线教学软件多数是依据固定的课程大纲进行学习，而 Summit Public Schools 个性化学习计划平台强调"以学生为中心"。探索式的学习模式，给学生更多关于其学习的速度和方向的命令，随时为学生提供其需要的学习资源。同时，学生学习数据以可视化方式反馈给教师，教师更像是"教练"，他们通过学术标准监测学生是否按照他们的要求学习，并提供个性化学习方案和学习指导。

5. H5+ 知识图谱技术，构建用户动态知识体系

知识图谱本质上是一种语义网络，节点代表实体或者概念，边代表实体或概念之间的各种语义关系。知识图谱被用来构建宏大的知识网络，包含世间事物以及它们之间的关系。H5 和知识图谱技术整合，有助于帮助学生在头脑中建立各学科的知识联系，甚至构建出跨学科的知识关联，从而提高学生学习效率，建立立体的知识架构。同时，这个数字资源的知识体系不是一成不变的，而是建立在对大数据的动态分析之上，并随着社会知识总量的增加，学习环境的不同、学生行为的变化、教学方法和目标的调整而不断更新，是一个动态的、常新的体系。新形态教材中 H5 和知识图谱技术的结合，能够满足学生个

性化学习、无缝学习和泛在学习的要求，这对于建立"人人皆学、处处能学、时时可学"的现代学习型社会是十分必要的。

作业要求

参考案例，设计一支主题类 H5，要考虑作品的完整性及可分享性。